高等院校新工科建设规划系列教材

高等院校创新型人才培养推荐教材

Cailiao kexue xiangmuhua yu xuni fangzhen shiyan zhidao

材料科学项目化与虚拟仿真实验指导

主　编　闫瑞强 何志才

ZHEJIANG UNIVERSITY PRESS
浙江大学出版社

图书在版编目(CIP)数据

材料科学项目化与虚拟仿真实验指导 / 闫瑞强，何志才主编. —杭州：浙江大学出版社，2021.1
ISBN 978-7-308-21034-8

Ⅰ.①材… Ⅱ.①闫…②何… Ⅲ.①材料科学—仿真—实验—高等学校—教材 Ⅳ.①TB3－33

中国版本图书馆 CIP 数据核字（2021）第 006479 号

材料科学项目化与虚拟仿真实验指导
主编 闫瑞强 何志才

丛书策划 阮海潮(1020497465@qq.com)
责任编辑 阮海潮
责任校对 王元新
封面设计 续设计
出版发行 浙江大学出版社
(杭州市天目山路 148 号 邮政编码 310007)
(网址：http://www.zjupress.com)
排　　版 浙江时代出版服务有限公司
印　　刷 广东虎彩云印刷有限公司绍兴分公司
开　　本 787mm×1092mm 1/16
印　　张 7.25
字　　数 176 千
版 印 次 2021 年 1 月第 1 版 2021 年 1 月第 1 次印刷
书　　号 ISBN 978-7-308-21034-8
定　　价 39.00 元

浙江大学出版社市场运营中心联系方式 (0571)88925591;http://zjdxcbs.tmall.com

材料科学项目化与虚拟仿真实验指导

编委会名单

主　　编　闫瑞强（台州学院）

　　　　　　何志才（台州学院）

副 主 编　黄国波（台州学院）

　　　　　　常　玲（台州学院）

　　　　　　冯　凡（台州学院）

编　　委（以姓氏笔画为序）

　　　　　　王相友（浙江通力新材料科技股份有限公司）

　　　　　　刘维均（台州学院）

　　　　　　肖圣威（台州学院）

　　　　　　陈　卫（永高股份有限公司）

　　　　　　陈　伟（台州学院）

　　　　　　陈桂华（台州学院）

　　　　　　陈智勇（永高股份有限公司）

　　　　　　罗　平（顶立新材料科技有限公司）

　　　　　　郑　睿（台州学院）

　　　　　　顾凌晓（东亚手套有限公司）

　　　　　　黄　剑（永高股份有限公司）

　　　　　　谢　奔（台州学院）

　　　　　　熊贤强（台州学院）

前　言

为做好应用型、复合型人才培养工作，精准对接台州高分子产业战略转型升级重大需求，结合浙江省新材料万亿产业战略发展方向，以新工科建设为重要抓手，以“学生中心、产出导向、持续改进”为核心理念，构建产教融合、校企协同人才培养体系，对标教育部提出的“卓越工程师 2.0”计划，我们编写了本实验教材。

本教材主要针对材料类专业，着力提升学生在项目调研、方案设计与实施、项目实施过程中发现科学问题、科学研究和创新方面的能力，为高分子材料及相关领域培养综合素质全面、工程实践能力强、具备创新创业能力的“一线”工程技术人才。

本教材分两部分，第一部分是项目化教学实验，主要在教师科研和企业生产项目中选取；第二部分为材料专业虚拟仿真实验。

在教材的筹划和编写过程中，台州学院高分子系主任黄国波教授提供了许多想法和建议，北京欧倍尔软件技术开发有限公司为材料专业虚拟仿真实验项目开发提供了大力支持，在此一并表示衷心的感谢。

本教材由闫瑞强和何志才主编。本教材由台州学院多位教师和相关企业技术人员共同编写，其中实验 1 由何志才编写，实验 2 由郑睿和顾凌晓编写，实验 3、7 由刘维均和罗平编写，实验 4 由闫瑞强编写，实验 5、9、29 由陈伟编写，实验 6、28 由常玲编写，实验 8、11 由陈桂华编写，实验 10、12、16、17 由何志才和黄剑编写，实验 13、14 由肖圣威编写，实验 15、20、23、24 由何志才和陈智勇编写，实验 18、19、21、22 由何志才和王相友编写，实验 25 由熊贤强编写，实验 26、27 由冯凡编写，实验 30、31、37、38 由谢奔编写，实验 32、33、34、35、36 由何志才和陈卫编写。全书的审校工作由闫瑞强和何志才完成。

本教材难免还有诸多不足之处，恳请国内外专家学者、教师及学生予以斧正，以期再版时修正。

编者

目　录

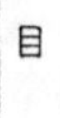

实验1　水溶液的表面活性化及其成泡液开发

一、实验目的

1. 了解成泡液的形成原理。

2. 根据给出的实验仪器和实验原料，查阅文献，设计制作成泡液的实验配方和实施方案。

3. 测定成泡液的性能，以判断实验方案的优缺点。

二、实验原理

（一）成泡机理

气泡产生的根本原因是表面张力的存在，从物理学的角度来看，物质表面的分子或原子与其内部的分子或原子的受力状态差别很大。液体内部的分子在其周围受到与它相邻分子的作用力，这些力可以相互抵消，因而分子受力是平衡的，但是对处于液体表面的分子而言，它们一侧受到空气的作用力，另一侧则受到液体内部分子的作用力，这两个力一般不相等，因而整个液体表面会发生变形。

液体表面的分子由于发生变形而产生一种张紧的拉力，称为表面张力。液体表面分子组成了一层薄膜，由于表面张力的作用，这层薄膜会产生绷紧的趋势，这种趋势会使薄膜的表面积尽可能减小。正是由于表面张力会使气泡表面积减小，而质量一定的情况下，球形是所有几何体中表面积最小的，所以我们观察到气泡的形状更接近于球形。

水面的水分子间的相互吸引力比水分子与空气之间的吸引力强，这些水分子就像被粘在一起。但如果水分子之间过度黏合在一起，气泡就不易形成了，因此低于临界值的表面张力有助于水溶液成泡，而表面活性剂可以把表面张力降低到只有通常状况下的1/3左右（25 ℃时水表面张力系数为7.20×10^{-2} N/m），而这正是成泡所需的最佳张力，通过调节表面活性剂的用量就可以调节水的表面张力，从而可以使水溶液形成大小性能各不相同的气泡。

不含表面活性剂的液体（如水）中，空气与液体之间的界面张力高导致气泡不能稳定存在，气泡升至表面后爆裂。然而，当体系中含有表面活性剂时，气泡就如同表面活性剂的疏水端可稳定存在（图1-1）。这些表面活性剂分子有亲水疏水基的特性，在气泡周围形成保护层，其中疏水一端朝向气泡，亲水一端朝向水，降低空气与液体之间的界面张力，稳定气泡。当气泡升至液体表面时，因空气与液体界面间也存在着表面活性分子，故形成

了外表面活性剂层和内表面活性剂层的稳定双层，这是形成气泡的原理。

表面活性剂的分子结构具有两亲性：一端为亲水基团，另一端为憎水基团。亲水基团常为极性基团，如羧酸、磺酸、硫酸、氨基或胺基及其盐；而憎水基团为非极性烃链，如8个碳原子以上的烃链。常用的表面活性剂有阴离子表面活性剂（如硬脂酸、十二烷基苯硫酸钠等）、阳离子表面活性剂（如季铵盐等）、非离子型表面活性剂［如脂肪酸甘油酯、脂肪酸山梨坦（司盘）、聚山梨酯（吐温）等］、两性表面活性剂（如卵磷脂、氨基酸型、甜菜碱型等）、复配表面活性剂等。

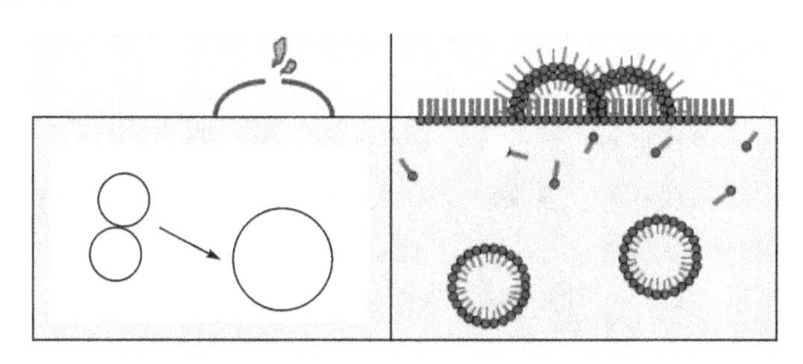

(A) 在水中气泡不能稳定存在　(B) 表面活性剂系统中的稳定泡沫

图 1-1　表面活性剂成泡原理示意

起泡力是表面活性剂在水溶液表面活性化研究中的一个重要指标，其大小是以在一定条件下摇动或搅拌时产生的泡沫多少来评定的。一些阴离子表面活性剂，如脂肪酸钠、十二烷基苯硫酸钠、十二烷基硫酸钠等均具有良好的起泡能力，均为良好的起泡剂（发泡剂）。表面活性剂的类型是决定起泡力的主要因素，温度、水的硬度、溶液的pH值和添加剂等环境条件对起泡力都有较大影响。

（二）稳泡机理

泡沫稳定性指生成的泡沫存在时间长短，即泡沫的持久性，也可以理解为泡沫破灭的难易程度。

泡沫是热力学不稳定体系，之所以不稳定是由于泡沫生成后体系的总表面积增大，能量增高，它自发地向能量降低、总表面积减小的方向转变，即发生泡沫破灭。表面黏度是影响泡沫稳定性的因素之一，当膜表面上有表面活性剂分子存在时，使表面黏度增高，阻碍膜上液体流动排出，从而使泡沫稳定。表面黏度是稳定泡沫的重要条件，但也不是唯一的，还需考虑膜的弹性和双电层的作用。

（三）吸湿剂

一般情况下，气泡在空气中形成后就会因液膜中水分持续蒸发导致液膜不断变薄从而破裂，为延长气泡在空气中的停留时间，需要在成泡液中加入水溶性吸湿剂，使气泡液相具有吸湿性能，并使其在空气中保持吸湿平衡。常见的吸湿剂有焦糖、蜂蜜、甘油、乙醇、乙二醇、硫酸等水溶性高的物质，其中甘油的吸湿效果最佳。

三、实验设备与材料

水浴锅1台、机械搅拌器1台、250 mL圆底烧瓶1个、250 mL烧杯2个、秒表1个、铁丝1根、饮管2根、量筒、电子秤、成泡液夹子。

肥皂、香皂、洗衣粉、洗涤剂、洗手液、胶水、砂糖、醋、袋泡茶、聚乙烯醇、甘油、去离子水、柠檬酸、食用柠檬香精、黑色墨水、彩色墨水。

也可根据实验方案自备实验材料。

四、实验内容与步骤

1. 查阅文献，根据提供的实验设备及材料，每组确定四种制备成泡液的方案，经指导老师审核通过后进行实验。

2. 根据实验方案制备成泡液，并对泡泡的性能进行测试。

3. 分组演示制备的成泡液，指导老师根据泡泡的颜色、挂持率、大小、稳定性等进行评分。

4. 根据记录的实验数据和实验结果汇报(用PPT展示)，指出实验的不足，并提出实验改进方案。

5. 撰写实验报告。实验报告内容包括实验目的、实验原理、主要设备及材料、实验配方、实验工艺流程(以框架图形式表示，并在图下给出具体工艺参数)、结果与讨论、实验方案的改进等。

五、实验结果与讨论

1. 选用的配方(表1-1)

表1-1 选用的配方

配方	A组		B组		C组		D组	
	名称	含量	名称	含量	名称	含量	名称	含量
组分1								
组分2								
组分3								
组分4								
组分5								
其他								

2. 效果评价(表1-2)

表 1-2　效果评价

性　能	A组	B组	C组	D组
吹泡泡的难易				
泡泡液的挂持率				
泡泡的丰富程度				
泡泡的大小				
泡泡的色彩				
泡泡的稳定性				
总　分				

注：打分标准为5分制，0分代表很差，5分代表优秀。

六、思考与探索

1. 为什么不论用什么工具吹出来的泡泡都是圆的？
2. 为什么对着阳光看泡泡是五颜六色的？
3. 如何调控泡泡的稳定性？

参考文献

[1] 朱玻瑶，赵国玺，黄建滨，等. 表面活性剂溶液起泡性研究：Ⅱ. 正负离子表面活性剂混合体系[J]. 精细化工，1994，11(3)：6-12.

[2] 邓丽君，曹亦俊，王利军. 起泡剂溶液的表面张力对气泡尺寸的影响[J]. 中国科技论文，2014，9(12)：1340-1343.

[3] 陈志伟，王华才，邵雅文，等. 无毒超大泡泡水的研制[J]. 广州化工，2016，44(16)：84-86.

[4] 罗陶涛. 高分子表面活性剂增强泡沫性能研究[D]. 成都：西南石油大学，2006.

（何志才）

实验 2　环保型脲醛树脂的合成及胶合性能的测定

一、实验目的

1. 理解加成缩聚的反应机理。
2. 掌握环保型脲醛树脂的合成方法和胶合试验。
3. 掌握平板硫化机和电子万能试验机的使用方法。
4. 掌握木材胶黏剂用树脂胶合强度的测定方法。

二、实验原理

随着木材加工行业的迅速发展，人们对木材工业用胶黏剂的需求量也大大增加。脲醛树脂胶黏剂(UF)、酚醛树脂胶黏剂(PF)、密胺树脂胶黏剂(MF)以原料充足、价格低廉而被广泛运用于木材加工行业中，其中脲醛树脂胶合强度高、固化快、操作性好，是用量最大的一种胶黏剂，约占80%以上。但脲醛树脂黏合剂的突出缺点之一是游离甲醛含量高，在加工中易释放出刺激性有毒气体，危害健康和污染环境。因此，通过降低甲醛和尿素的摩尔比(F/U)，尿素分批加料，并添加三聚氰胺改性剂来降低脲醛树脂甲醛释放量，是研究环保型脲醛树脂的合成及木材胶合试验的一条有效途径，有很重要的现实意义。

脲醛树脂是由尿素与甲醛经加成聚合反应制得的热固性树脂，主要分为两个阶段，第一个阶段羟甲基脲生成，为加成反应阶段；第二阶段树脂化，为缩聚反应阶段。

(一)加成反应阶段

$$H_2N\underset{\underset{O}{\|}}{C}NH_2 + H—\underset{\underset{O}{\|}}{C}—H \longrightarrow HOCH_2NH—\underset{\underset{O}{\|}}{C}—NH_2$$ 或

一羟甲基脲

$$HOCH_2—NH—\underset{\underset{O}{\|}}{C}—NH—CH_2OH$$

二羟甲基脲

(二)缩聚反应阶段

$$HOCH_2NH—CO—NH_2 + HOCH_2NH—CO—NHCH_2OH \xrightarrow{-H_2O} HOCH_2N(CONH_2)—CH_2—NH—CO—NHCH_2OH$$

也可以在羟甲基与羟甲基间脱水缩合：

$$NH_2—CO—NH—CH_2OH + HOCH_2—NH—CO—NHCH_2OH \xrightarrow{-H_2O}$$

$$NH_2—CO—NH—CH_2—O—CH_2—NH—CO—NHCH_2OH \xrightarrow{-CH_2O} NH_2—CO—NH—CH_2—NH—CO—NHCH_2OH$$

若进一步加热，或者在固化剂作用下，羟甲基与氨基进一步缩合交联成复杂的网状型结构。

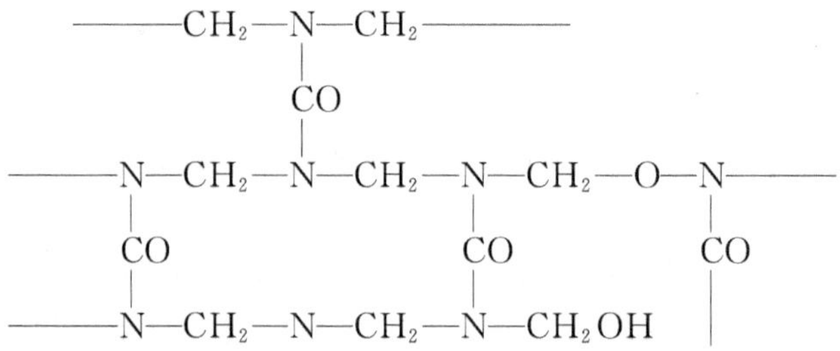

```
        —CH2—N—CH2—
             |
             CO
             |
—N—CH2—N—CH2—N—CH2—O—N—
 |             |        |
 CO            CO       CO
 |             |        |
—N—CH2—N—CH2—N—CH2OH    |
```

（三）三聚氰胺改性

三聚氰胺与甲醛在碱性条件下，可得到羟甲基三聚氰胺。不同的羟甲基三聚氰胺之间互相发生缩合反应生成亚甲基桥键和亚甲基醚键，可降低树脂在热固化及水解时放出的甲醛量。同时由于引入了多官能团的三聚氰胺分子，提高了树脂的交联程度，也就加强了板材的胶合强度。

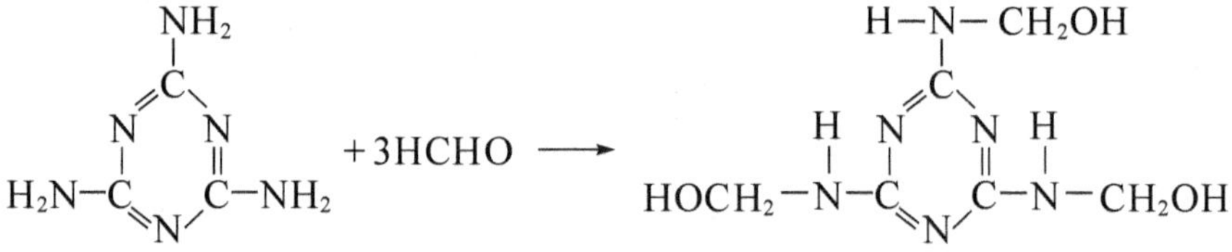

```
         NH2                                  H—N—CH2OH
          |                                      |
          C                                      C
        ⁄⁄  \                                 ⁄⁄   \
       N     N                           H   N      N   H
       |     ||      + 3HCHO  ——→        |   |      ||  |
 H2N—C     C—NH2                   HOCH2—N—C      C—N—CH2OH
        \\  ⁄                                 \\   ⁄
          N                                      N
```

$$—CH_2OH + HN= \longleftrightarrow —CH_2N= + H_2O$$

$$—CH_2OH + HOCH_2— \longleftrightarrow —CH_2OCH_2— + H_2O$$

三、实验设备与材料

搅拌器、水浴锅、三口烧瓶（250 mL）、球形冷凝管、温度计、量筒、胶合板、游标卡尺、电子万能试验机、平板硫化机等。

甲醛、尿素、5% NaOH 溶液、5%甲酸溶液、三聚氰胺、NH_4Cl、乌洛托品、聚乙烯醇、纤维素醚等。

四、实验内容与步骤

1. 在 250 mL 三口烧瓶上分别安装搅拌器、温度计、球形冷凝管。

2. 用 50 mL 量筒量取甲醛水溶液 37 mL，加入三口烧瓶中，开动搅拌器同时用水浴缓慢加热，开始升温至 45～50 ℃，用 5% NaOH 溶液调节 pH 至 7.5～8.0（不能超过 8.0），再加入尿素（20 g），继续升温至 85～90 ℃后反应 40 min。

3. 加入第二批尿素约 2.5 g，反应 30 min，然后用甲酸溶液（可配成 5%浓度）调节 pH 到 4.5～5.0，继续反应，此后不间断地用胶头滴管吸取少量脲醛胶液滴入冷水中，观察胶液在冷水中是否出现雾化现象。

4. 当发现雾状沉下形成细颗粒时，用 5% NaOH 溶液调 pH 至 7.5～8.0，加入第三批尿素（2.5g），然后降温至 65 ℃，再加入三聚氰胺 0.25 g，继续反应约 30 min。

5. 迅速冷却至 35～40 ℃（脲醛树脂在碱性条件下可发生水解，温度越高，水解越严重，故在反应结束后要迅速降温至 40 ℃以下)，用 5% NaOH 溶液调 pH 至 6.5～7.5，即可出料。

6. 在小烧杯内称取 100 g 树脂试样(精确到 0.1 g)，加入 1 g NH_4Cl(精确到 0.1 g)，搅拌均匀，在试材的胶合面分别涂胶，涂胶量为 250 g/m²(单面)。然后将两片试材平行顺纹对合在一起；陈放 30 min 后再在平板硫化机上进行热压，热压压强为(1.0±0.1)MPa，热压温度为 110 ℃，热压时间为 5 min。

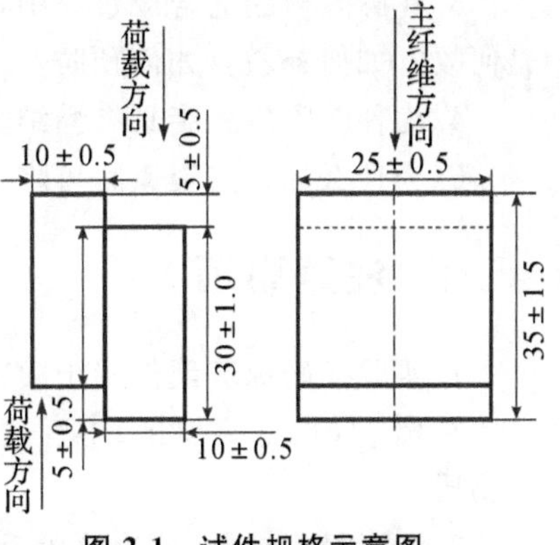

图 2-1　试件规格示意图

胶合后的样板按图 2-1 的规格锯切成试件。

7. 胶合强度的测定：

(1)用游标卡尺测量试件胶接面的宽度与长度。

(2)将试件夹在带有活动夹头的拉力试验机上，试件的放置应使其纵轴与试验机的活动夹头的轴线一致，并保持试件上下夹持部位与胶接部位距离相等。试验以 5mm/min 的速度均匀加荷直至破坏。

(3)按下式计算胶合强度：

$$\sigma=\frac{P}{a\cdot b} \tag{2-1}$$

式中：σ 为胶合强度，N/mm²；P 为试件破坏时最大荷重，N；a 为试件胶接面长度，mm；b 为试件的宽度，mm。

测定胶合强度的试件不应少于 3 个，取其平均值。

注：本实验可采用不同固化剂分组，1～3 组固化剂为氯化铵，4～6 组固化剂为乌洛托品，7～9 组固化剂为氯化铵＋聚乙烯醇，10～12 组固化剂为乌洛托品＋纤维素醚。同组内氯化铵和乌洛托品可以按照不同质量范围，聚乙烯醇和纤维素醚主要增加初黏力和耐水性。

五、实验结果与讨论

将实验数据填入表 2-1 中。

表 2-1　实验数据

固化剂	长度 a/mm	宽度 b/mm	荷重 P/N	胶合强度 δ/(N・mm²)

六、思考与探索

1. 如何判断脲醛树脂合成反应的终点？

2. 使用脲醛树脂胶接时，为什么要加固化剂？常用的固化剂有哪些？加入固化剂为什么要适量？

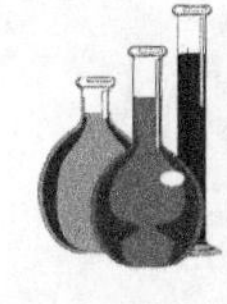

3. 在脲醛树脂的合成过程中，缩合阶段有时会发生黏度骤增，以致出现冻胶现象，这是何故？如何补救？如何预防？

4. 为什么脲醛树脂具有黏结木、竹的能力？

5. 为什么加入三聚氰胺可降低脲醛树脂胶中游离甲醛的含量？

七、注意事项

1. 实验前确保玻璃仪器干净整洁。

2. 调 pH 时一定要慢，不宜过酸过碱，特别是在酸性阶段，过酸会发生暴聚，生成不溶性物质。

3. 注意温度控制，缩聚阶段反应放热，若温度太高，反应过程不易控制，易出现凝胶现象；若温度太低，反应时间加长，影响树脂的聚合度。

参考文献

[1]朱海龙，吴玉章，孙伟圣. 三聚氰胺脲醛树脂胶黏剂的合成[J]. 南京林业大学学报(自然科学版)，2013，37(1)：173-176.

[2]李廷富. 关于三聚氰胺改性脲醛树脂胶黏剂合成工艺的研究[J]. 地球，2013(8)：272.

[3]陈恒毅，王蕊，郭诗琪，等. 脲醛树脂的合成及其性能研究[J]. 江西化工，2019(3)：56-58.

(郑睿、顾凌晓)

实验3　以 PVA 为保护胶体合成 PVAc 乳液及对木材的黏结

一、实验目的

1. 了解加聚反应的原理。

2. 掌握聚醋酸乙烯酯乳液的合成方法。

3. 了解聚醋酸乙烯酯乳液的改性方法及其应用。

二、实验原理

(一)主要性质和用途

聚醋酸乙烯酯(PVAc)乳液是木材加工中应用量最大的一类乳液胶黏剂，近年来其消耗量还在逐年增加。PVAc 乳液是一类非结构胶黏剂，它广泛应用于家具、胶合板及其他木制品生产。作为木材用胶黏剂，PVAc 具有低成本、易操作、冷固化、低毒无害等优点，同时也存在耐水性、耐热性和冻融稳定性差，以及在长期载荷下的抗蠕变性能差等不足，从而限制了其广泛应用。PVAc 乳液主要用于木材、纸张、纺织等材料的黏结以及掺入水泥中提高强度，也用作生产醋酸乙烯乳胶涂料的原料。

（二）聚合反应原理

醋酸乙烯酯很容易聚合，也很容易与其他单体共聚。醋酸乙烯单体的聚合反应是自由基型加聚反应，属连锁聚合反应，整个过程包括链引发、链增长和链终止三个基元反应。通常本体聚合、溶液聚合和悬浮聚合都用过氧化苯甲酰和偶氮二异丁腈为引发剂，而乳化聚合则都用水溶性的引发剂过硫酸盐和过氧化氢等。乳液聚合是借助于乳化剂的作用把单体分散在介质中进行聚合，乳化剂以阴离子型和非离子型表面活性剂为主，阴离子型表面活性剂有十二烷基硫酸钠、十二烷基苯硫酸钠等，用量为单体质量分数的 0.5%～2%，制得的乳液黏度较低，与盐混合时稳定性差。非离子型乳化剂如环氧乙烷的各种烷基醚或缩醛，用量较多，一般为单体质量分数的 1%～5%，制得的乳液黏度大，与盐类、颜料等配合稳定性好。

（三）保护胶体聚乙烯醇

聚乙烯醇（PVA）的结构式为 $\left[\mathrm{CH_2-CH(OH)}\right]_n$，物理性质受化学结构、醇解度、聚合度的影响。醇解度一般有 78%、88%、98%三种。部分醇解的醇解度通常为 87%～89%，完全醇解的醇解度为 98%～100%。常取平均聚合度的千、百位数放在前面，将醇解度的百分数放在后面，如 1788 即表示聚合度为 1700，醇解度为 88%。一般来说，聚合度增大，水溶液黏度增大，成膜后的强度和耐溶剂性提高，但水中溶解性、成膜后伸长率下降。醋酸乙烯酯乳液聚合一般以聚乙烯醇（PVA）做保护胶体，在保护胶体的作用下进行聚合反应。保护胶体还有提高乳液稳定性和调节乳液黏度的作用。

（四）丙烯酸酯类单体改性醋酸乙烯酯乳液

为改善聚醋酸乙烯酯乳液的耐水性及黏结强度，通常采用醋酸乙烯酯与丙烯酸酯类单体（如丙烯酸、丙烯酸丁酯等）共聚合，这样就使聚合物的柔顺性得以改善，最低成膜温度（MFT）降低削弱了高分子链间的作用力，增大了分子间的活动性，提高了共聚物乳液的耐寒性。

三、实验设备与材料

四口烧瓶（500 mL）、球形冷凝管、恒压漏斗、温度计（0～100 ℃）、量筒（100 mL）、玻璃棒、玻璃板、线棒涂布器、烧杯（200 mL）、电热套、电动搅拌器、标准木块、游标卡尺、激光粒度仪、旋转黏度计、拉力试验机等。

醋酸乙烯酯、聚乙烯醇 PVA1788（配成 13%溶液）、丙烯酸丁酯、甲基丙烯酸异冰片酯（IBOMA）、丙烯酸、乳化剂烷基酚聚氧乙烯醚（OP-10）、乳化剂 TR-70、邻苯二甲酸二丁酯、过硫酸铵、碳酸氢钠、水性消泡剂、防霉剂。

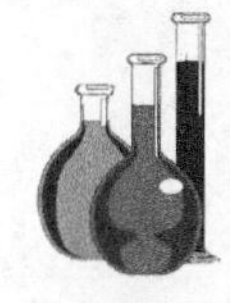

四、实验内容与步骤

1. PVA 的溶解：在四口烧瓶中加 125 g 水，滴两滴消泡剂，加 0.15 g 碳酸氢钠、7.5 g 聚乙烯醇 PVA1788，搅拌分散后，加热至 90 ℃，保温 1 h 左右溶解完全。

2. 引发剂溶液配制：0.3 g 过硫酸铵溶解在 20 g 水中，备用。

3. 混合单体配制：将 82 g 醋酸乙烯酯、3 g 丙烯酸丁酯、1 g 甲基丙烯酸异冰片酯、0.5 g 丙烯酸在容器中混合形成混合单体。

4. 种子聚合过程：聚乙烯醇溶解好后，降温至 63 ℃，加入相应乳化剂，8 g 醋酸乙烯酯，分散搅拌 5 min 后，加入 6 g 过硫酸铵溶液，升温至 68 ℃，观察聚合反应瓶变蓝后升温至 78 ℃，保温 20 min。

5. 乳液聚合反应过程：保温 20 min 后用恒压漏斗滴加上述所配混合单体，控制在 4 h 内滴完，控制反应温度在 76～80℃；每 30 min 加入过硫酸铵溶液 2 g。混合单体滴完 15 min 后，升温至 90 ℃，保温 40min。冷至 50 ℃以下加入邻苯二甲酸二丁酯、防霉剂，搅拌 20 min，冷却出料得成品。

6. 用精密 pH 试纸测定 pH 值。

7. 固含量测定：称重法是测量乳液固含量的常用方法，具体操作如下：精确称取 2 g 乳液，置于已称重过的表面皿里，在 105 ℃的烘箱中烘 1 h 后称重。固含量 $S(\%)$计算公式如下：

$$S=(W_1/W_2)\times 100\% \tag{3-1}$$

式中：W_1 为烘干后胶膜质量，g；W_2 为乳液质量，g。

8. 聚合稳定性：乳液聚合结束后，用一百目尼龙网过滤，滤渣用去离子水清洗后烘干，并称其质量，记为 W_3，单体总质量记为 W_0，$X=(W_3/W_0)\times 100\%$，数值越大就表示聚合过程中乳液越不稳定。

9. 稀释稳定性：将乳液稀释至固含量 3%后，用量筒取 100 mL 稀释液，密封后放置 72 h，测定其上层澄清液体积和沉淀物的体积。

10. 冻融稳定性：将乳液置于－10 ℃冻 20 h 后，置于 30 ℃的水中解冻 1 h，观察乳液是否破乳。

11. 吸水率：将乳液涂布在洁净的玻璃板上，涂布要均匀，干燥成膜后称重，然后再将胶膜放置于蒸馏水中浸泡 24 h，然后取出，用滤纸吸干胶膜表面水后称重，计算出胶膜吸水增重比率。

12. 黏度：使用旋转黏度计测量，测试温度为(25±0.5) ℃。

13. 粒径：用烧杯取水 400 mL，取一滴所得乳液样品，超声分散 10 min 后，在激光粒度仪上测粒子粒径及分布。

14. 胶合强度的测定：

(1)用游标卡尺测量试件胶接面的宽度与长度。

(2)将试件夹在带有活动夹头的拉力试验机上，试件的放置应使其纵轴与试验机的活动夹头的轴线一致，并保持试件上下夹持部位与胶接部位距离相等。试验以 5 mm/min 的速度均匀加荷直至破坏。

(3)按下式计算胶合强度：

$$\sigma=\frac{P}{a \cdot b} \tag{3-2}$$

式中：σ 为胶合强度，N/mm^2；P 为试件破坏时最大荷重，N；a 为试件胶接面长度，mm；b 为试件的宽度，mm。

测定胶合强度的试件不应少于 3 个，取其平均值。

五、实验结果与讨论

1. 根据记录的实验数据和实验结果汇报，指出实验的不足，并提出实验改进方案。

2. 撰写实验报告。实验报告内容包括实验目的、实验原理、主要设备及材料、实验配方、实验工艺流程、结果与讨论、实验方案的改进等。

3. 将乳液性能指标填入表 3-1 中。

表 3-1 乳液性能指标

名称	pH 值	固含量/g	冻融稳定性	粒径/nm	压缩强度/MPa	木破率/%

六、思考与探索

1. 为什么开始反应时瓶中乳液会先出现蓝色再变成乳白色？

2. 为什么聚合反应过程中会出现温度高于水浴锅中温度的情况？

3. 为什么聚醋酸乙烯酯乳液具有黏结木、竹能力？

七、注意事项

1. 聚乙烯醇溶解速度较慢，必须溶解完全，并保持原来的体积。如使用工业品聚乙烯醇，可能会有少量皮屑状不溶物悬浮于溶液中，可用粗孔铜丝网过滤除去。

2. 滴加的速度要均匀，防止加料太快发生爆聚、冲料等事故。过硫酸铵水溶液数量少，注意缓慢加入，与单体同时加完。

3. 搅拌速度要适当，升温不能过快。

4. 醋酸乙烯单体最好是新精馏过的，因醋酸乙烯单体中残留的醛类和酸类有显著的阻聚作用，聚合物的相对分子质量不易增大，使聚合反应复杂化。

5. 乳液聚合中都用水溶性引发剂，如过硫酸盐和过氧化氢，本实验用过硫酸铵。过硫酸铵在每次加入时用水溶解成水溶液。

参考文献

[1] 何冰晶，王庆丰，闫瑞强. 综合实验 B(材料类专业)[M]. 杭州：浙江大学出版社，2013.

[2] 吴伟剑. 聚醋酸乙烯酯乳液耐水性改性研究[D]. 哈尔滨：东北林业大学，2007.

[3] 阎立梅,刘海英,刘晓辉.聚醋酸乙烯乳液冻融稳定性研究概况[J].化学与粘合,2002(2):70-74.

(刘维均、罗平)

实验4　氧化锆增韧氧化铝陶瓷制备

一、实验目的

1.了解氧化锆增韧机理。

2.了解氧化锆增韧氧化铝陶瓷的制备方法。

二、实验原理

陶瓷刀具材料具有高的硬度和耐磨性、良好的高温性能、与金属的亲和作用小,而且不易与金属发生黏结,化学稳定性好,可用来切削加工一般刀具难以切削的硬质材料。Al_2O_3 陶瓷以其高硬度、高耐磨、抗氧化及抗热震等优异性能,在机械、电子、化工等领域得到广泛应用。纯 Al_2O_3 陶瓷的高温性能好,但韧性不足,抗冲击能力差,切削时易发生轻微崩刃,通过在 Al_2O_3 基体中添加增韧材料,可明显改善这一现象。

氧化锆增韧氧化铝(zirconia toughened alumina,ZTA)陶瓷是一种性能优异的陶瓷复相材料,它是利用 ZrO_2 的应力诱导相变增韧以及抑制氧化铝基体晶粒长大等作用机理而出现的复相材料。ZrO_2 是一种耐高温氧化物,熔点高达 2680 ℃。纯 ZrO_2 一般有三种晶型,分别为立方结构(c)、四方结构(t)和单斜结构(m)。其中,单斜相是 ZrO_2 在常温下的稳定相,立方相是高温稳定相。

$$\text{m-ZrO}_2 \underset{\text{约 }900℃}{\overset{1170℃}{\rightleftharpoons}} \text{t-ZrO}_2 \underset{\text{约 }2320℃}{\overset{2370℃}{\rightleftharpoons}} \text{c-ZrO}_2$$

氧化锆相变增韧机理是:在由 t-ZrO_2 转变为 m-ZrO_2 的过程中,伴随着体积和形状的变化而吸收能量,降低裂纹尖端的应力集中,阻止或延缓裂纹扩展,从而提高陶瓷的断裂韧度。

在外力作用下萌生的裂纹,扩展过程中会通过裂纹尖端附近的高应力区诱发陶瓷内弥散的 t-ZrO_2 颗粒发生马氏体相变,由于 t-ZrO_2 转变为 m-ZrO_2 的过程中产生体积膨胀和切向应变,改变了局部地区的应力场强度因子,直至相变前后的局部应力场强度因子之差达到一个稳定值。此外,应力诱导相变产生的应力场,可能使裂纹传播方向发生偏转和绕行,增大裂纹扩展的阻力,还可能由相变应力诱发基体产生微裂纹区,从而吸收能量。

氧化锆颗粒的增韧机理与晶粒尺寸密切相关,当晶粒尺寸存在一定的分布范围时,不同尺寸的晶粒将起到不同的增韧作用。低于晶界相变晶粒尺寸 d_c 的晶粒冷却到室温仍为四方相,由于四方相氧化锆的稳定性随晶粒的减小而增大,因此对于小于 d_c 的晶粒是否发生相变还存在临界尺寸 d_1 的影响,只有当 $d_1<d<d_c$ 的晶粒在应力作用下才发生相

变，起到增韧的作用。当晶粒尺寸大于 d_c，冷却到室温时已经发生相变，转变为单斜相，这部分晶粒将不发生相变增韧作用，而起到微裂纹增韧和残余应力增韧的作用，这一阶段的相变是突发性的，微裂纹的尺度比较大，可导致主裂纹在扩展过程中分叉，但其对基体材料韧度提高贡献较小。实验研究表明，在较大单斜相晶粒周围，由于相变体积效应而诱发显微裂纹，而在较小的单斜相晶粒周围却没有显微裂纹存在。这是由于大晶粒在相变过程中的体积膨胀效应积累变形大，在其周围基体产生的拉应力超过其断裂强度，从而产生微裂纹。较小的单斜相晶粒周围的体积变形积累小，不足以产生足够大的拉应力。因此，存在一个临界晶粒尺寸 d_m，当 $d>d_m$ 时，相变可以诱发微裂纹，产生微裂纹增韧，当 $d_c<d<d_m$ 时，虽然氧化锆晶粒在冷却的过程中发生了相变，但不足以诱发微裂纹，在其周围存在残余应力，起到残余应力增韧。

在含有 ZrO_2 相变增韧的陶瓷中，上述几种增韧机理常常相伴而生，这是由于任何陶瓷材料的晶粒尺寸都不是绝对均匀单一的，而是有一个尺寸分布范围。对于晶粒尺寸分布在某一范围的 ZrO_2 粒子来说，不同尺寸的晶粒将起到不同的增韧作用。

三、实验设备与材料

X 射线衍射仪、万能试验机、扫描电子显微镜、维氏硬度计、金相显微镜、高温炉、商业级 α-Al_2O_3 粉体（平均粒径 0.15～0.2 μm，纯度>99.99%）、m-ZrO_2 粉体（平均粒径 0.6 μm，纯度>99.80%）、CeO_2 粉体（平均粒径 3～6 μm，纯度>99.99%）。

四、实验内容与步骤

1. 以无水乙醇为溶剂，按表 4-1 配料后，放入聚四氟乙烯球磨罐中，球磨 24 h 后取出，经旋转蒸发后放入烘箱干燥。

表 4-1　Al_2O_3-ZrO_2 组成

样品	$V(ZrO_2\text{-}CeO_2)/\%$	$V(Al_2O_3)/\%$
ZA10	10	90
ZA20	20	80
ZA30	30	70

V：体积分数。

2. 将粉料过筛，经干压及 200 MPa 冷等静压成型。

3. 将冷等静压坯体放入高温炉中无压烧结，以 10 ℃/min 升温到 1550 ℃，保温 2 h，随炉冷却后，得到 Al_2O_3 陶瓷（样品 ZA10、样品 ZA20 和样品 ZA30-1）。以 10 ℃/min，将 ZA30-1 升温到 1600 ℃，保温 2 h，随炉冷却后，得到样品 ZA30-2。

4. 用 X 射线衍射仪分析样品的物相。

5. 用 Archimedes 排水法测定样品的体积密度，将体积密度与理论密度取比值，得到相对密度。

6. 用万能试验机采用四点抗弯强度法测定样品的强度，试条尺寸为 1.5 mm×2 mm

×25 mm,跨距分别为 10 mm 和 20 mm,加压速率为 0.5 mm/min。

7. 用维氏硬度计采用 Vickers 压痕法测样品的硬度和断裂韧性。在测硬度时,加载 98 N,保压 10 s;在测材料的断裂韧性时,加载 98 N,保压 10 s。

8. 在金相显微镜下测量压痕对角线长度 $2a$ 及裂纹长度 l,$c=l+a$,代入下列公式计算平面应变断裂韧性:

$$K_{IC}=0.16H\sqrt{a}\left(\frac{c}{a}\right)^{-\frac{3}{2}} \tag{4-1}$$

式中:K_{IC} 为平面应变断裂韧性;H 为材料硬度;a 为压痕对角线半长;l 为裂纹长度。

五、实验结果与讨论

将实验数据填入表 4-2 中。

表 4-2　实验数据

	ZA10	ZA20	ZA30-1	ZA30-2
相对密度/%				
抗弯强度/MPa				
维氏硬度/GPa				
断裂韧性/($MPa\cdot m^{1/2}$)				

六、思考与探索

简述氧化锆增韧机理。

参考文献

[1] 吴利翔,王宏建,郭伟明,等.氧化锆增韧氧化铝基陶瓷刀具的制备及其切削性能[J].硅酸盐学报,2016,44(9):1347-1351.

[2] 张超,丘泰,杨建,等.注凝成型制备氧化锆增韧氧化铝陶瓷[J].人工晶体学报,2012,41(1):152-157,164.

(闫瑞强)

实验 5　浸渍法制备二氧化硅多孔泡沫陶瓷

一、实验目的

1. 了解传统制备手段合成多孔泡沫陶瓷的优缺点。

2. 熟悉合成多孔泡沫陶瓷的路径及操作步骤。

3. 掌握浸渍法制备多孔二氧化硅泡沫陶瓷的机理。

二、实验原理

多孔陶瓷(porous ceramics, PC)是一种三维立体网络骨架结构的陶瓷制品,由于拥有相互贯通且分布均匀的微孔结构,因而具备密度小、低热传导率、比表面积大、气孔率较高、耐腐蚀、耐高温等优点。此外,泡沫陶瓷制造工艺简单,只需通过控制加工工艺和选择不同的材质,即可制成多种用途的泡沫陶瓷产品。近年来,泡沫陶瓷(foam ceramics,FC)被广泛应用于电工电子领域、汽车尾气处理、工业污水处理、隔热隔音材料、生物化学领域以及医用材料领域。从孔结构状态划分,泡沫陶瓷可以分为两类:闭孔陶瓷材料和开孔陶瓷材料。如果泡沫体存在固体壁面,则称为闭孔陶瓷材料,具体表现为孔穴由连续的陶瓷基体相互隔离分开;如果形成泡沫体的固体仅仅包含于孔棱中,则为开孔陶瓷材料,其孔隙主要呈现相互连接贯通的特征。但大部分泡沫陶瓷存在闭孔孔隙和开孔孔隙共存的状况。多孔陶瓷一般可按孔径大小分为三类:微孔陶瓷(孔径<2 nm)、介孔陶瓷(孔径为 2～50 nm)及大孔陶瓷(孔径>50 nm)。若按孔形结构及制备方法又可分为蜂窝陶瓷和泡沫陶瓷两类,后者有闭孔型、开孔型及半开孔型三种基本类型。从陶瓷基体种类来划分,可分为氧化铝基、氧化锆基、碳化硅基和二氧化硅基等。

传统的制备多孔二氧化硅泡沫陶瓷(porous silicon dioxide foam ceramics,PSDFC)的常见手段包括造孔剂法、发泡法、挤压成型法、颗粒堆积法、自蔓延高温合成法以及浸渍法等。在以上这些方法中,浸渍法具有制备周期短、工艺流程简单、易于规模化生产等优点,是目前制备多孔泡沫陶瓷最理想的方法,用该成型方法制备的多孔泡沫陶瓷已在多个领域应用。浸渍法制备多孔泡沫材料通常以有机泡沫作为成孔模板机,通过将有机泡沫浸渍到陶瓷浆料中,然后经干燥、煅烧使有机泡沫脱离母体材料而获得泡沫陶瓷。通过优化控制浆料性能、无机黏结剂体系、浆料浸渍工艺过程,可以制备得到高性能的泡沫陶瓷制品,其具体流程如图 5-1 所示。

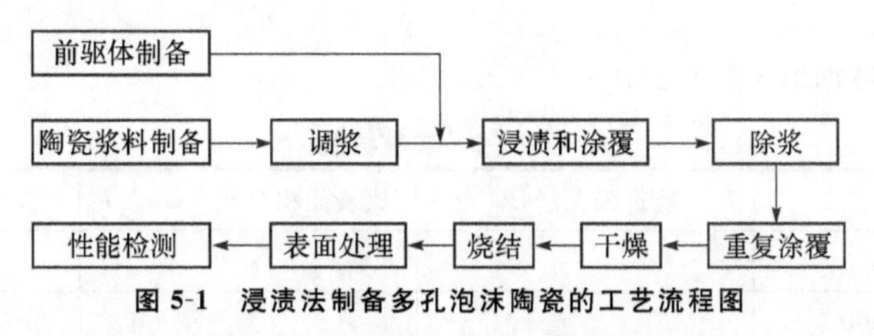

图 5-1　浸渍法制备多孔泡沫陶瓷的工艺流程图

考虑到多孔泡沫陶瓷的优点以及制备多孔泡沫陶瓷过程涉及若干材料类专业知识点,本实验拟采用浸渍法,通过调控烧成温度来制备不同微结构的多孔二氧化硅泡沫陶瓷,并对其力学强度、晶型结构、比表面积和微观形貌进行系统的表征分析。

三、实验设备与材料

二氧化硅、聚氨酯泡沫、酒精、中西 M404395 型立式球磨机、AG-1 型(10 kN)万能材

料试验机、Bruker D8 Advance 型 X 射线衍射仪、美国麦克 ASAP2020 比表面积测试仪、日立 S-4800 型扫描电子显微镜。

四、实验内容与步骤

1. 配制浆料：将二氧化硅粉料与添加剂按一定的配方比例混合，球磨 2 h 使之充分混合均匀后待用。

2. 选择合适的聚氨酯泡沫，并对其进行酒精浸泡和清水冲洗的预处理过程。

3. 将预处理的聚氨酯泡沫体进行浸渍操作，采用五次挤压挂浆，排除多余浆料，制成坯体后干燥。

4. 将干燥后的坯体在 1400～1700 ℃保温 2 h 烧结（表 5-1），并随炉冷却至室温。

表 5-1　样品烧成温度设置

样品	烧成温度/℃
PSDFC-1400	1400
PSDFC-1500	1500
PSDFC-1600	1600
PSDFC-1700	1700

5. 用 X 射线衍射仪分析样品的物相。

6. 用 AG-1 型（10 kN）万能材料试验机测试陶瓷的抗折强度。

7. 用比表面积测试仪表征多孔泡沫陶瓷的比表面积和孔径。

8. 用扫描电子显微镜观察微观结构。

五、实验结果与讨论

1. 通过对比分析不同烧成温度下制备的样品微结构，阐明烧成温度对多孔泡沫陶瓷微结构的影响。

2. 将实验数据填入表 5-2 中。

表 5-2　实验数据

样品	抗折强度/MPa	比表面积/($m^2 \cdot kg^{-1}$)	平均孔径/nm
PSDFC-1400			
PSDFC-1500			
PSDFC-1600			
PSDFC-1700			

六、思考与探索

1. 探讨泡沫体的预处理对浸渍工艺和性能的影响。

2. 探讨烧成温度对多孔陶瓷性能的影响。

参考文献

[1] 毕秋,李克,倪新梅.多孔陶瓷的制备工艺及其研究进展[J].材料导报,2009,4(1):23-26.

[2] 张芳,黄涛,黄志良.多孔碳化硅泡沫陶瓷的制备与表征[J].陶瓷学报,2008,29(4):312-314.

[3] 甘学贤,鞠银燕,冯立明,等.泡沫浸渍法制备氧化铝多孔陶瓷[J].陶瓷学报,2010,31(3):480-483.

(陈伟)

实验6 纳米结构钴基氧化物超级电容器电极的设计与电化学性能研究

一、实验目的

1. 了解超级电容器的工作原理。
2. 掌握循环伏安测试技术和电化学阻抗谱(EIS)测试技术。
3. 掌握使用超级电容器测试设备对电极进行循环性能和倍率性能测试。
4. 观察过渡金属氧化物电极的形貌,并研究其生长机理。

二、实验原理

随着化石能源的使用,全球变暖和环境污染等问题成为各国科学家关注的焦点。开发环境友好的清洁可再生能源是研究者们努力的方向。超级电容器是一种介于传统电容器和二次电池之间的新型储能装置,由于具有快速充放电、高功率密度、长循环稳定性等优点,可应用于电子产品、新能源汽车、分布式储能等领域。

由于电能的储存与转化机理不同,超级电容器可分为以活性炭为电极材料的双电层电容器和以金属(氢)氧化物或导电聚合物为电极材料的法拉第赝电容器。赝电容器电极材料的工作原理主要依靠电极材料和电解液间发生快速可逆的法拉第氧化还原反应来储存电荷,且氧化还原反应一般发生在电极表面或近表面,并伴随发生电荷传递过程。赝电容器常用的电极材料主要为金属氧化物和导电聚合物材料。其中,金属氧化物电极材料主要是一些过渡金属氧化物,如 MnO_2、V_2O_5、RuO_2、NiO、WO_3、Co_3O_4 等。

赝电容器的充放电过程如下:充电时,电解液中的离子经电化学反应进入电极活性物质中;放电时,电极中嵌入的离子会脱嵌到电解液中并释放电荷,如图 6-1 所示。

超级电容器的电化学性能主要包括比电容、功率密度、循环寿命等;测试手段包括循环伏安、电化学阻抗、恒流充放电等。下面将进行简单介绍。

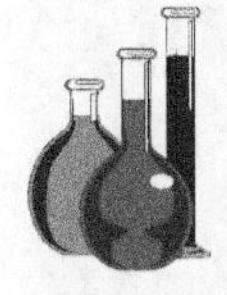

（一）比电容

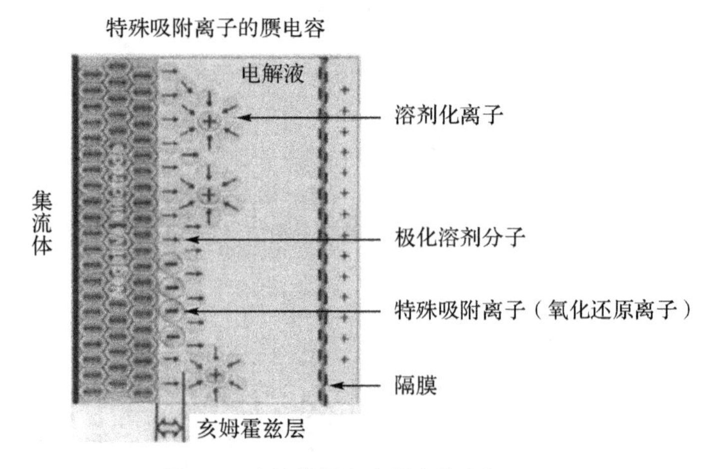

图 6-1　法拉第赝电容器充放电机理

比电容是单位质量电极材料的电容值，单位为F/g，是反映电容器储能大小的物理量。测试方法包括循环伏安和恒流充放电。循环伏安测试主要在电化学工作站上完成，其测试方法主要是在恒定扫速下，持续观察电极表面电流和电位的关系，表征电极表面发生的反应并探讨反应机理。循环伏安测试的重要测试参数包括扫描速率和扫描电位区间。其中，扫描电位区间的确定与扫描速率和材料表现出的电容性能有关，在相同的体系下，扫描速率越快，比电容越小。

对双电层电容器，循环伏安曲线为矩形，而实际的超级电容器都有一定的内阻，相应的循环伏安曲线为有一定弧度的曲线，计算比电容时需采用积分的方法。比电容的计算方法如下：

由 $Q = it$，微分得到 $\mathrm{d}Q = i\mathrm{d}t$；由整个平板电容器的电容值 $C = Q/V$，得到：

$$C = \mathrm{d}Q/\mathrm{d}V = \int \frac{i\mathrm{d}t}{\Delta V} = \int \frac{i\mathrm{d}V}{v\Delta V} = \frac{1}{v\Delta V}\int i\mathrm{d}V \tag{6-1}$$

故单个电容器极板上活性材料的比电容为：

$$C_\mathrm{S} = \frac{C}{2m} = \frac{1}{2mv\Delta V}\int i\mathrm{d}V \tag{6-2}$$

式中：i 为响应电流，A；t 为时间，s；Q 为电量，C；C 为电容，F；V 为电容器的电压，V；ΔV 为电压突变值，V；v 为扫描速率，$\mathrm{V \cdot s^{-1}}$；C_S 为电极材料的比电容，$\mathrm{F \cdot g^{-1}}$；m 为电极材料的质量，g。

恒电流充放电是研究电化学性能的一种最常用的方法，基本原理为：被测电容器或电极在恒电流条件下充放电，考察其电压随时间的变化规律，研究电容器或电极的电容行为，计算比电容。单位质量比电容计算公式为：

$$C_\mathrm{S} = \frac{It}{m\Delta V} \tag{6-3}$$

式中：C_S 为单位质量比电容；ΔV 为电压突变值；m 为电极材料的质量；I 为充放电电流；t 为时间。

在实际情况下，由于内电阻的存在，充放电转化瞬间会出现一个电压突变，用式(6-4)计算其内电阻 R：

$$R = \frac{\Delta V}{2I} \tag{6-4}$$

式中：R 为等效串联电阻；ΔV 为电压突变值；I 为充放电电流。

(二)电化学阻抗

电化学阻抗法是指控制电极交流电位按小幅度正弦波规律变化，测量电极的电化学阻抗。电化学阻抗法主要用于研究电极反应和反应界面，包括吸/脱附、欧姆电阻、电极界面结构和电极过程动力学等。其测量原理是在平衡态下，对被测体系施加小幅度正弦波交流信号对电极进行极化，测量其电化学响应信号。

(三)循环稳定性

在能量存储应用领域，器件一般需要满足 1000000 次以上的充放电循环。电化学电容器的优势在于其依靠物理吸附产生的双电层电容或近表面电极材料氧化还原反应产生的法拉第赝电容存储能量。因此，理论上其循环寿命应该较长，但实际中由于各种电阻的存在，会大大降低其循环稳定性。

三、实验设备与材料

水热反应釜、电热鼓风干燥箱、管式炉(惰性气氛保护)、电化学工作站、真空干燥箱、超级电容器测试设备、X 射线衍射仪(XRD)、红外光谱仪、扫描电子显微镜(SEM)、透射电子显微镜(TEM)、X 射线光电子能谱仪(XPS)、热重仪、超声波清洗器、电子天平。

泡沫镍、导电碳布、七水合硫酸钴(A. R.)、氟化铵(A. R.)、尿素(A. R.)、乙醇(A. R.)、异丙醇(A. R.)、乙二醇(A. R.)、去离子水。

四、实验内容与步骤

1. 泡沫镍预处理：将 1 cm×3 cm 的泡沫镍在稀盐酸(3 mol/L)中超声浸泡 15 min 后，用去离子水和无水乙醇冲洗干净，在氮气下吹干，称质量(m_1)后备用。

导电碳布预处理：将 1 cm×3 cm 的导电碳布在稀硝酸溶液中 90 ℃热处理 10 h，之后取出用去离子水和无水乙醇清洗，在氮气下吹干，称质量(m'_1)后备用。

2. 以去离子水(20 mL)和无水乙醇(或异丙醇、乙二醇)(10 mL)为溶剂，以硫酸钴(2 mmol)、氟化铵(4 mmol)、尿素(6 mmol)为原料配制反应溶液，待反应物完全溶解后倒入反应釜中，并向反应釜中加入泡沫镍(或导电碳布)，在 90 ℃反应 10 h。实验反应条件如表 6-1 所示。

表 6-1　反应溶剂和反应温度、反应时间设置

样品	溶剂	反应温度/℃	反应时间/h
1	H_2O、乙醇	90	10
2	H_2O、异丙醇	90	10
3	H_2O、乙二醇	90	10
对照	H_2O	90	10

3. 反应完毕后，将产物用无水乙醇冲洗后在 60 ℃干燥过夜。之后将其放入管式炉中，Ar 气氛下 450 ℃热处理 2 h。称取质量 m_2，得活性物质的质量 $m_{活}$：

$$m_{活}=m_2-m_1 \tag{6-5}$$

4. 用 XRD 和红外光谱仪分析前驱体和产物的物相结构。

5. 用 SEM 和 TEM 观察前驱体和产物的形貌和微结构。

6. 用 XPS 分析材料表面元素及价态。

7. 用热分析仪测试材料的热分解温度。

8. 循环伏安测试：在三电极中进行测试，活性电极为工作电极，Pt 片为对电极，Ag/AgCl 为参比电极，KOH 溶液（1 mol/L）为电解液。在 5 mV/s（10 mV/s、20 mV/s、30 mV/s、50 mV/s、70 mV/s、100 mV/s）扫描速度下进行测试。

9. 恒流充放电测试：在 2 A/g 电流密度下对电极进行循环稳定性测试；在 0.5 A/g（1 A/g、2 A/g、3 A/g、4 A/g、8 A/g、12 A/g、16 A/g）电流密度下对电极进行恒流充放电测试。

10. 电化学阻抗谱（EIS）测试：用电化学工作站对电极进行 EIS 测试。在电极的开路电位、振幅为 5 mV、频率为 0.01 Hz～100 kHz 条件下测试。

五、实验结果与讨论

1. 用 XRD 和红外光谱仪对电极材料进行物相表征，分析结果。

2. 用 SEM 和 TEM 对电极材料的形貌和微结构进行表征，分析结果。

3. 材料的电化学性能测试结果填入表 6-2 中。

表 6-2　电化学性能测试结果

样品	2 A/g 循环 5000 次后的比电容/(F・g^{-1})	0.5 A/g 循环 5000 次后的比电容/(F・g^{-1})	16 A/g 循环 5000 次后的比电容/(F・g^{-1})
1			
2			
3			
对照			

六、思考与探索

1. 不同溶剂下，材料的循环稳定性有没有差异？哪一种稳定性最佳？

2. 使用不同溶剂时，是否影响材料的倍率性能？

3. 探讨在不同溶剂下电极材料的生长机理。

参考文献

[1] 阚夏梅，付蓉蓉，罗民，等. 仿生合成 CoO/Co/C 复合电极材料及其超级电容器性能研究[J]. 电子元

件与材料,2016,35(1):73-77.
[2] 于维平,孟令款,杨晓萍,等.化学法制备掺杂 CoO 的 NiO 及其电容性能研究[J].金属热处理,2005,30(9):23-26.
[3] 周琴.Co/CoO 基纳米复合材料的制备及其超级电容器性能研究[D].武汉:华中师范大学,2016.

(常玲)

实验 7　聚氨酯鞋用黏合剂

一、实验目的

1. 掌握水性聚氨酯的合成方法。
2. 掌握水性聚氨酯的性能检测方法。

二、实验原理

(一)主要性质和用途

由于聚氨酯胶黏剂具有低温性能好、黏结强度高、柔韧性好、耐水性优良等很多优势,被大量使用在薄膜、人造革、陶瓷及织物等行业。现今,我国的制鞋工业已稳居世界第一位,鞋产量约占全球总产量的 50%。制鞋行业对胶黏剂的年需求量约占胶黏剂合成总量的 1/10,聚氨酯胶黏剂已在制鞋行业中被广泛应用,但是,绝大部分的高性能鞋用聚氨酯胶黏剂却一直依赖进口,尤其是水性聚氨酯胶黏剂。水性聚氨酯以水为介质,具有很多优点,如无毒、不燃、气味小、环保、节能、操作加工方便等。欧美国家的环保法律法规近乎苛刻,水性聚氨酯的生产和使用量很大。中国已成为世界上最大的鞋制品生产国、消费国和出口国,鞋制品的年产量达几十亿双。因为要适应欧美国家的环保法律法规,基于水性聚氨酯(waterborne polyurethane,WPU,即以水为介质的聚氨酯胶黏剂)的鞋胶必然会成为制鞋用胶黏剂的主流发展趋势。

(二)聚合反应原理

水性聚氨酯的基本合成反应与一般聚氨酯一样,只是一些单体中含有亲水基团。整个合成过程可以分为两个阶段:第一阶段为预逐步聚合,即由低聚物二醇、扩链剂、水性单体、二异氰酸酯通过逐步聚合,生成水性聚氨酯预聚体;第二阶段为中和后预聚体在水中的分散。

聚氨酯水性化方法主要是使用乳化剂或者在聚合物主链上引入亲水基团。通过扩链剂类型、结构及用量、制备方法和聚合物相对分子质量的不同来改变聚氨酯分子的骨架结构,制得乳液或水分散性的各种水性聚氨酯产品。根据聚氨酯水性化方法的不同可以分

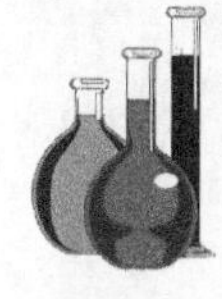

为两大类:外乳化法和内乳化法。

1. 外乳化法。早期水性聚氨酯的合成采用强制乳化法,也叫外乳化法。此法先制备一定相对分子质量的聚氨酯预聚体或其溶液在搅拌下加入适当的乳化剂在强烈搅拌下经强力剪切作用将其分散于水中,依靠外部机械力制成聚氨酯乳液。决定外乳化法合成的关键是选用合适的乳化剂。但因乳化剂用量大、反应时间长、乳液及膜的物理性能差、储存稳定性不好,因此限制了产品本身的使用范围,一般只用于要求不高的材料表面处理。

2. 内乳化法。现在水性聚氨酯的乳化主要采用内乳化法。此法不加乳化剂,而是在聚氨酯大分子链上引入亲水基团使聚氨酯分子具有一定的亲水性,在搅拌下内乳化而成乳液。这些亲水基团都能与水起作用,形成氢键或者直接生成水合离子使聚氨酯溶于水。内乳化法制备的乳液粒径小,稳定性好。

(三)亲水单体

包括 DMPA、AAS、SIPM 等构成的亲水单体,如图 7-1 所示。

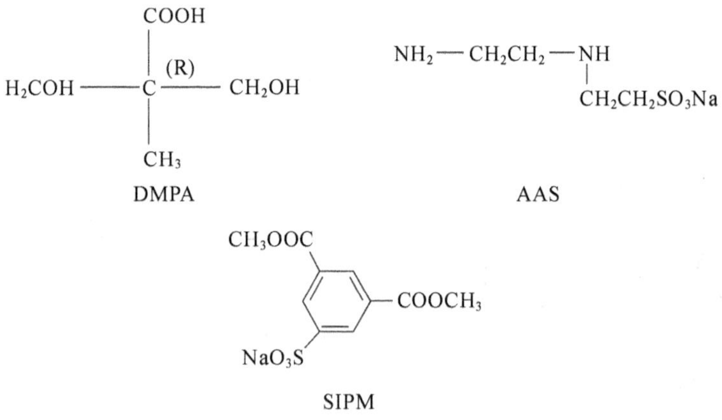

COOH

H_2COH — C (R) — CH_2OH

CH_3

DMPA

NH_2 — CH_2CH_2 — NH

$CH_2CH_2SO_3Na$

AAS

CH_3OOC

$COOCH_3$

NaO_3S

SIPM

图 7-1 常见的亲水剂

其他小分子扩链剂,一般为胺类和醇类,多采用胺类,因为胺类与异氰酸酯反应活性高,生成的脲键使得胶膜具有高硬度,模量增大,常用的胺类有乙二胺(EDA)、二乙烯二胺等。

(四)交联剂

为了改善水性聚氨酯鞋用胶黏剂的耐水性、耐溶剂性和耐热性,通常使用外交联方法,所用外交联剂包括水可分散的多异氰酸酯、环氧交联剂、聚氮丙啶交联剂、三聚氰胺交联剂、硅烷交联剂等。

三、实验设备与材料

三口烧瓶(500 mL)、球形冷凝管、恒压漏斗、温度计(0～100 ℃)、量筒(100 mL)、玻璃棒、玻璃板、线棒涂布器、烧杯(200 mL)、电动搅拌器、精密 pH 试纸、NDI-t 旋转黏度计、皮革等。

六亚甲基二异氰酸酯(HDI,工业品);聚己二酸-1,4-丁二醇酯(PBA,工业品);二羟甲基丙酸(DMFA,工业品);二月桂酸二丁基锡(分析纯);丙酮(工业品);新戊二醇(分析纯);三乙胺(工业品)。

四、实验内容与步骤

1.将 100 g PBA 与 6.7 g DMPA 加入装有温度计、搅拌器与导气管的 500 mL 三口烧瓶中,在 110~120 ℃,0.53~1.7 kPa 压强下脱水 1 h,冷却至 60 ℃时,分别加入几滴催化剂及 22.1 g HDI,在 70~80 ℃下反应数小时制成聚氨酯预聚体;然后添加约 70 mL 丙酮,搅拌均匀,于 50 ℃左右加入 2.5 g 新戊二醇后开始加热回流,并在 62 ℃左右反应数小时进行扩链反应;冷却至 50 ℃时,在强烈搅拌下加人三乙胺水溶液,得到均匀聚氨酯水分散体。

2.pH 值测定:用精密 pH 试纸测定。

3.黏度测定:用 NDI-t 旋转黏度计测定。

4.耐水性测定:将聚氮酯水分散体倒在玻璃板上,用玻璃棒轻轻刮成均匀的膜,在通风橱中放置 24 h,然后放到 90 ℃左右烘箱中烘 1 h,接着升温至 100 ℃左右烘 1 h。之后,置于干燥器中静置 24 h,取下薄膜称重(m_0)。接着把称重后的薄膜置于蒸馏水中浸泡 24 h,取出,吸干表面水分,称重(m),计算吸水率。进一步在红外干燥箱中烘 7 min,移入干燥器中冷至室温,取出称重(m_1),计算失重率。

$$吸水率=[(m-m_0)/m_0]\times100\% \tag{7-1}$$

式中:m_0,m 分别为膜浸泡前、后的质量,g;

$$失重率=[(m-m_1)/m]\times100\% \tag{7-2}$$

式中:m,m_1 分别为膜烘烤前、后的质量,g。

5.黏结皮革性能测定:将聚氯酯水分散体均匀涂在 150 mm×25 mm 的皮革上,于红外烘箱中烘约 5 min。取出,稍冷,将两片涂有聚氨酯水分散体的皮革黏合,施以一定压力,然后在 4 ℃下放置约 5 min,取出,放置至室温,用拉力计测定 180°剥离所需最大力。

6.固含量测定:在称量皿中称取 1~2 g 试样,置于 100 ℃恒温烘箱中加热至恒重。按下式计算固含量:

$$S=(m_3-m'_0)/(m_2-m'_0)\times100\% \tag{7-3}$$

式中:S 为固含量,%;m'_0 为称量容器的质量,g;m_2 为加入样品后容器及样品的质量之和,g;m_3 为烘箱中加热至恒重后容器及样品的质量之和,g。

五、实验结果与讨论

1.根据记录的实验数据和实验结果汇报(PPT 展示),指出实验的不足,并提出实验改进方案。

2.撰写实验报告。实验报告内容包括实验目的、实验原理、主要设备及材料、实验配方、实验工艺流程(以框架图形式表示,并在图下给出具体工艺参数)、结果与讨论、实验方案的改进等。

六、思考与探索

1. 为什么反应温度不能过高?
2. 为什么聚氨酯具有黏结皮革能力?

七、注意事项

1. 一定要注意多元醇组分水分含量不能太高。
2. 在分散加水时,搅拌速度要快。

参考文献

[1] 龚翠然,卢灿忠.鞋用水性聚氨酯胶粘剂的影响因素探讨[J].中国胶粘剂,2007,16(4):23-25.
[2] 夏荣祖.新型水性聚氨酯胶粘剂的研究与制备[D].上海:东华大学,2011.
[3] 崔永奎.革用水性聚氨酯的合成及其应用研究[D].济南:山东大学,2008.
[4] 叶家灿,孔丽芬,林华玉,等.高固含量鞋用水性聚氨酯胶粘剂的合成[J].中国胶粘剂,2007,16(9):25-28.
[5] 孟龙,孙宾宾.鞋用水性聚氨酯胶粘剂的研究进展[J].山东化工,2016,45(5):33-34.

(刘维均、罗平)

实验8　钙钛矿电催化剂的合成及性能表征

一、实验目的

1. 了解钙钛矿氧化物的结构表达式。
2. 掌握钙钛矿氧化物的实验制备方法。
3. 了解电化学仪器的各部件名称及组装方法。
4. 掌握电化学仪器的操作与析氧反应的测试方法。
5. 熟练使用 Origin 软件处理与分析数据。
6. 了解用 XRD 对制备的电催化剂结构进行表征的方法。

二、实验原理

当今世界,能源问题关乎人类社会发展的命脉。随着人们生活水平的不断提高和工业的大力发展,人类对能源的需求急剧增加。过度地开发和使用石油、煤、天然气等化石能源,造成了能源紧张和严重的环境问题。为了实现人类的可持续发展,开发和利用经济、高效、洁净的新能源是21世纪世界能源科技研究的主题。目前,太阳能、风能和潮汐能等可再生能源备受世界关注，然而这些新能源发电属于不可控电源，存在间歇性和不稳定性等缺点。将间歇性的可再生能源产生的电能用来电解水得到氢气和氧气，可以把电能转化为化学能存储于氢气中，从而实现大规模的能量储存。

水的电解可以在酸性、中性和碱性介质下进行，考虑到电解水的速率、电解水装置的费用等实际问题，工业上电解水通常在碱性水溶液中操作。电解水由两个半反应组成，分别为阳极的析氧反应(oxygen evolution reaction，OER)和阴极的析氢反应(hydrogen evolution reaction，HER)。目前，电解水技术主要受限于这两个半反应的动力学，因此需要在阳极和阴极分别添加高效的电催化剂使 OER 和 HER 更快进行。理想的 OER/HER 电催化剂必须满足两个条件，一是具备高催化活性，二是具备良好的稳定性。就 OER 而言，传统的催化剂通常含有贵金属铱(Ir)和钌(Ru)；对 HER 来说，贵金属铂(Pt)具有最高的催化活性。但是，这些贵金属储量有限、价格高昂，且其催化反应的稳定性通常不够好。因此，廉价易得、性能突出的 OER/HER 电催化剂的研究成为了电解水制氢的热点。

在众多的催化剂中，钙钛矿氧化物(perovskite oxides)具有价格低廉、制备简单、结构和理化性质可调等特点，已经在 OER 和 HER 电催化中显示出了催化活性。钴基钙钛矿氧化物通常具有突出的 OER 性能，最经典的例子是 $Br_{0.5}Sr_{0.5}Co_{0.8}Fe_{0.2}O_{3-\delta}$(BSCF)，Shao-Horn 等发现 BSCF 在碱性水溶液(0.1 mol/L KOH)中 OER 的本征活性比 IrO_2 至少高出一个数量级，后续研究表明 BSCF 的稳定性欠佳，其在 OER 过程中会发生表面结构的无定形化。因此，开发活性高且稳定性好的钴基钙钛矿氧化物催化剂成为了研究热点。

析氧反应(OER)是一个 4 电子转移的电化学反应过程，碱性介质中的反应方程式如下：

$$4OH^- \longrightarrow O_2 + 2H_2O + 4e^-$$

实际过程会涉及各种含氧中间体的吸附解离，但由于无法直接观察到 OER 过程中所生成的中间体，因此到目前为止提出了多种可能的 OER 催化机理，其中，广为接受的碱性介质中 OER 催化机理是包含 HO^*、O^*、HOO^* 中间体的四步骤，具体反应过程如下：

$$OH^- + * \longrightarrow HO^* + e^-$$

$$HO^* + OH^- \longrightarrow O^* + H_2O(l) + e^-$$

$$O^* + OH^- \longrightarrow HOO^* + e^-$$

$$HOO^* + OH^- \longrightarrow * + O_2(g) + H_2O(l) + e^-$$

其中，* 代表催化剂表面活性位，HO^*、O^*、HOO^* 是 OER 过程中的氧中间产物。

由于 OER 进行的都是多步电子转移的过程，其反应动力学缓慢造成过电位过高。因此，为降低过电位，开发高活性的电催化剂来加快 OER 是当前的研究重点。

三、实验设备与材料

行星式球磨机、马弗炉、X 射线衍射仪、刚玉坩埚、二氧化锆球磨罐及球磨子、蒸发皿、

塑料滴管、电化学工作站、玻碳电极、H 型电解槽、水浴锅、超声波清洗器、移液枪、微量进样针、表面皿、U 型玻璃管。

铂电极、Ag/AgCl 电极、$SrCO_3$、Sc_2O_3、Nb_2O_5、Co_3O_4、麂皮、琼脂、导电炭黑、Nafion(质量分数 5%)、乙醇、高纯氧气、KCl。

四、实验内容与步骤

1. SSNC,SSC,SNC 电催化剂的合成:以制备 $Sr_{1-x}Sc_{0.175}Nb_{0.025}Co_{0.8}O_{3-\delta}$(SSNC)为例,将 $SrCO_3$,Sc_2O_3,Nb_2O_5 与 Co_3O_4 四种原料按照 SSNC 的化学计量比加入,如 $x=0$,按照 Sr 的量为 0.02 mol,计算各种原料的质量。称原料,置于研钵中研磨混合 1 h。研磨后的粉体移入刚玉坩锅内在马弗炉内 1200 ℃煅烧 20 h,通过固相反应得到 SSNC。将煅烧好的 SSNC 置于球磨罐中,加无水乙醇 20 mL,球磨 20 min,将球磨后的混合物移至表面皿,烘干,将干燥后的粉体用研钵研细,得到 SSNC 粉体,部分用于 SSNC 相结构的分析,部分用于电化学析氧反应测试。

2. 电极浆料的制备:称取 5 mg 制备的粉体(SSNC,SSC,SNC)和 5 mg 导电炭黑,分散于 0.5 mL 乙醇和 50 μL Nafion(质量分数 5%)的混合溶液中,经过超声混合 1 h,得到分散均匀的电极浆料。

3. 工作电极的制备:将电极浆料担载在直径为 4 mm 的玻碳(GC)电极上进行测试。采用移液枪吸取 5 μL 电极浆料至 GC 电极表面,空气中晾干,即可得到用于电化学测试的工作电极。注:电极浆料中加入一定的导电炭黑,是为了增强工作电极的导电性,从而尽量减小工作电极中导电性限制对 SSNC 活性的影响。

4. 盐桥的制备:在 250 mL 烧杯中,加入 97 mL 蒸馏水和 3 g 琼脂,盖上表面皿,水浴加热使琼脂完全溶解。然后加入 30 g KCl,充分搅拌使 KCl 完全溶解后,趁热用滴管将此溶液滴入洁净的 U 型玻璃管中,静置待琼脂凝结后便可使用。

5. 用 X 射线衍射仪分析 SSNC,SSC,SNC 电催化剂的物相。

6. 析氧反应测试:采用三电极体系测试 SSNC 在碱性介质中的 OER 催化性能,以 GC 电极为工作电极,Ag/AgCl 电极为参比电极,铂片电极为对电极。电化学测试都是在 H 型电解槽装置中于室温中(25 ℃)进行的,通过型号为 CHI 760E 的电化学工作站进行数据采集。电化学测试方法有循环伏安法(cyclic voltammetry,CV)、线性扫描伏安法(liner sweep voltammetry,LSV)、计时电位法(chronopotentiometry,CP)、电化学阻抗谱(electrochemical impedance spectroscopy,EIS)等。

五、实验结果与讨论

1. 制备的粉体晶体结构是怎样的?

2. 析氧反应电化学性能测试中,为什么要测试电解液的阻抗?

六、思考与探索

采用固相反应法制备钙钛矿型电催化剂有什么优点?

参考文献

[1] Chen G, Sunarso J, Wang Y, et al. Evaluation of A-site deficient $Sr_{1-x}Sc_{0.175}Nb_{0.025}Co_{0.8}O_{3-\delta}$ ($x=0$, 0.02, 0.05 and 0.1) perovskite cathodes for intermediate-temperature solid oxide fuel cells[J]. Ceramic International, 2016, 42(11): 12894-12900.

[2] Lee Y, Suntivich J, May K, et al. Synshtesis and Activities of rutile IrO_2 and RuO_2 nanoparticles for oxygen evolution in acid and alkaline solution[J]. The Journal of Physical Chemistry Letters, 2012, 3(3): 399-404.

（陈桂华）

实验 9　化学气相沉积法制备碳纳米管

一、实验目的

1. 了解化学气相沉积法的操作流程。
2. 掌握气相沉积法制备碳纳米管的机理。

二、实验原理

1991 年，日本电镜学家 Iijima 发现了一种针状的管形碳单质——碳纳米管（carbon nanotubes, CNTs）。由于其优异的场发射性能、超强的力学性能、极高的储氢性能以及潜在的化学性能等使其在功能材料、场发射器、纳米电子器件、生物传感器、探针、催化剂及储氢材料等方面都有广泛的潜在应用价值。碳纳米管的制备一直是国际纳米技术和新材料领域的研究热点。

目前，碳纳米管的制备方法主要有两种：电弧法和化学气相沉积法。电弧法具有简单快速的特点，但该法所生产的碳纳米管缺陷较多，产率较低且难于纯化，不适合批量生产。而化学气相沉积法是通过含碳气体在催化剂的作用下裂解而成，该法简单易行且产率较高，适合于批量生产。

通常，采用化学气相沉积法制备碳纳米管需要选择合适的催化剂。大量研究表明，碳纳米管的产量和质量不仅取决于催化剂的活性组成，而且与催化剂的制备方法也有很大关系。一般认为，制备碳纳米管的催化剂活性组分以 Ni、Co、Fe 等最好，但在实验中发现，同样的活性组分，如用不同的方法制成催化剂，其功效也不相同。因此，选择合适的催化剂对于制备高质量的碳纳米管具有重要的意义。碳纳米管作为一种按特定方式聚集而成的管状纤维，其主要成分是含碳反应物在催化剂上分解留下的碳。因此，包括烃及 CO 等这些含碳化合物均有可能在催化剂上裂解或歧化生成碳的物料从而实现碳纳米管的制

备。而作为化学气相沉积法制备碳纳米管的原料气有 CO、甲烷、乙炔、乙烯、丙烯、丁烯、正己烷及苯等。这些不同的碳源气体影响所合成碳纳米管的活性、结构和性能，从而导致不同碳源气体制备的碳纳米管有明显的性能和微结构差异。

本实验以二茂铁作为催化剂，煤气为碳源，通过优化催化剂含量以及控制碳源供应量来实现碳纳米管的优化制备。

三、实验设备与材料

Thermo Scientific LBM 多段温控管式炉、Renishaw Invia 激光共聚焦拉曼光谱仪、日立 S-4800 型扫描电子显微镜、透射电子显微镜。

四、实验内容与步骤

碳纳米管的制备在两段温控管式炉装置上完成。装置示意如图 9-1 所示。

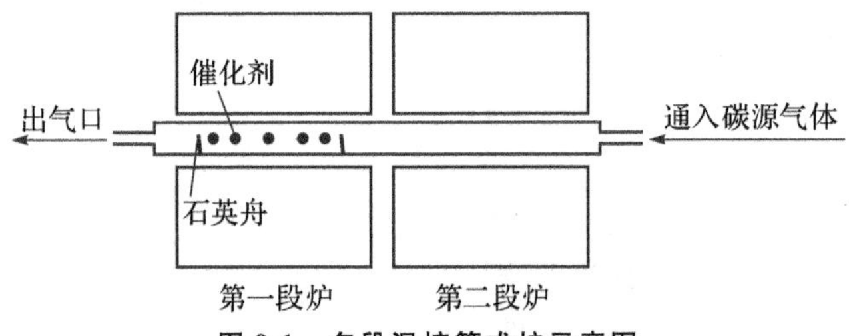

图 9-1　多段温控管式炉示意图

主要操作流程如下：

1. 首先称取适量的二茂铁作为催化剂置于石英舟中，放在两段温控管式炉第一段炉中央。

2. 通入氮气排除系统内空气（50 cm^3/min），对第二段炉以 10 ℃/min 的升温速率加热到反应温度（900 ℃）。

3. 接着加热第一段炉，温度控制在 150 ℃。

4. 改通煤气（50，100，200 cm^3/min），反应 30 min 后，停止通煤气，系统在氮气保护下冷却至室温。制备工艺条件见表 9-1。

表 9-1　制备工艺条件

样品	催化剂含量/g	碳源气体流量/($cm^3 \cdot min^{-1}$)
CNTs-1	0.25	50
CNTs-2	0.25	100
CNTs-3	0.25	200
CNTs-4	0.50	50
CNTs-5	0.50	100
CNTs-6	0.50	200

续表

样品	催化剂含量/g	碳源气体流量/($cm^3 \cdot min^{-1}$)
CNTs-7	0.75	50
CNTs-8	0.75	100
CNTs-9	0.75	200

5.用拉曼光谱仪表征所制备碳纳米管的纯度。

6.用扫描电子显微镜观察碳纳米管的长度。

7.用透射电子显微镜观察碳纳米管的内径和外径。

五、实验结果与讨论

将实验数据填入表 9-2 中。

表 9-2 实验数据

样品	CNTs 长度/μm	CNTs 内径/nm	CNTs 外径/nm
CNTs-1			
CNTs-2			
CNTs-3			
CNTs-4			
CNTs-5			
CNTs-6			
CNTs-7			
CNTs-8			
CNTs-9			

六、思考与探索

1.在实际碳纳米管制备中如何精确控制碳源流速？

2.催化剂含量对碳纳米管的影响具体体现在哪方面？

3.碳源供应量对碳纳米管有何影响？

4.请详细阐述二茂铁在制备碳纳米管中的作用。

参考文献

[1] 王敏炜，彭年才，李凤仪. 化学气相沉积法制备碳纳米管的研究进展[J]. 现代化工，2002，22(4)：18-21.

[2] 韩道丽,赵元黎,赵海波,等.化学气相沉积法制备定向碳纳米管阵列[J].物理学报,2007,56(10):5958-5964.

[3] 安玉良,袁霞,邱介山.化学气相沉积法碳纳米管的制备及性能研究[J].炭素技术,2006,25(5):5-9.

(陈伟)

实验10 塑料制件的设计及3D打印成型

一、实验目的

1.了解3D打印的一般概念。

2.熟悉用软件设计3D打印塑件的方法。

3.掌握用3D打印机打印塑件的一般方法。

二、实验原理

3D打印(3D printing, 3DP)是一种快速成型技术,以数字模型文件为基础,运用粉末状金属或塑料等可黏合材料,通过逐层打印的方式来构造物体。3D打印通常是采用数字技术材料打印机来实现的,最初在模具制造、工业设计等领域被用于制造模型,后逐渐用于一些产品的直接制造,已经有使用这种技术打印而成的零部件。该技术在珠宝、鞋类、建筑施工、汽车、航空航天、牙科、教育、地理信息系统、土木工程以及其他领域都有所应用。

3D打印的设计过程是:先通过计算机建模软件建模,再将建成的三维模型“分区”成逐层的截面,即切片,从而指导打印机逐层打印。设计软件和打印机之间协作的标准文件格式是STL文件格式。一个STL文件使用三角面来近似模拟物体的表面,三角面越小其生成的表面分辨率越高。

打印机通过读取文件中的横截面信息,用液体状、粉状或片状的材料将这些截面逐层地打印出来,再将各层截面以各种方式黏合起来制造出一个实体。这种技术的特点在于其几乎可以造出任何形状的物品。

打印机打出的截面的厚度(即 Z 方向)以及平面方向(即 X-Y)方向的分辨率是以dpi(像素每英寸)或者微米来计算的。一般的厚度为100μm,即0.1mm,也有部分打印机如ObjetConnex系列、三维Systems' ProJet系列可以打印出16μm薄的一层。而平面方向则可以打印出跟激光打印机相近的分辨率。

传统的制造技术如注塑法以较低的成本大量制造聚合物产品,而三维打印技术则以更快、更有弹性以及更低成本的办法生产数量相对较少的产品。一个桌面尺寸的三维打印机就可以满足设计者或概念开发小组制造模型的需要。

三、实验设备与材料

3D打印机、3D打印建模软件、丙烯腈-丁二烯-苯乙烯三元共聚物(ABS)、聚乳酸(PLA)。

四、实验内容与步骤

1.学生查阅文献后,设计一个打印物体模型,经指导老师审核通过后用建模软件建模。

2.选取打印材料,实施打印方案。

3.撰写实验报告。实验报告内容包括实验目的、实验原理、主要设备及材料、打印工艺、结果与讨论。

五、实验结果与讨论

1.列表记录所用设备参数。

2.列表记录打印工艺参数。

六、思考与探索

1.3D打印技术与普通成型技术相比有何优点?

2.3D打印的成型原理是什么?

参考文献

[1] 林杉,陈铁,李梅.3D打印技术介绍[J].橡塑资源利用,2014(5):23-27,22.

[2] 万长征,赖小龙.3D打印的原理及应用[J].数字技术与应用,2014(9):93-93.

[3] 于秉利.浅析3D打印技术原理及应用[J].中国科技纵横,2017(5):203-203.

(何志才、黄剑)

实验11 固体氧化物燃料电池阴极材料的制备与性能表征

一、实验目的

1.了解固体氧化物燃料电池的应用和工作原理。

2.掌握制备固体氧化物燃料电池阴极材料的主要工艺,实验的原理、方法与一定的操

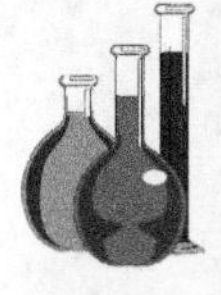

作技能。

3.掌握制备固体氧化物燃料电池对称电池的工艺，实验的原理、方法与一定操作技能。

4.掌握利用碘量法测定固体氧化物燃料电池阴极材料常温氧非计量比。

5.掌握利用热重法测定固体氧化物燃料电池阴极材料氧非计量比随温度升高发生的变化。

6.掌握利用电化学阻抗仪测定分析固体氧化物燃料电池阴极材料的电化学活性。

二、实验原理

固体氧化物燃料电池(SOFC)是一种可以把燃料(比如氢气)和氧化剂(一般为氧气)中的化学能直接转化为电能的发电装置。与普通的燃料电池不同，SOFC的燃料和氧化剂都是贮存在电池的外部，只需不间断地向电池两端电极输入所需要的燃料和氧化剂，电池就可以连续不断地工作。在过去30年中，SOFC作为一种有效能源转化装置受到全世界科学家的关注。SOFC的出现可追溯到100多年前。在19世纪末，德国科学家Nernst首先发现固态氧离子导体材料；1935年，Schottky第一次证明Nernst材料可以用来作为燃料电池的固态电解质；1937年，Baur和Preis两位科学家第一次在燃料电池中使用具有氧离子传导能力的固态材料作为电解质。2010年，美国Bloom Energy公司推出一款新型清洁能源电力产品Bloom Box，其核心使用SOFC电池堆，该产品的诞生进一步推动了SOFC的商业化发展。

在所有燃料电池中，SOFC具有很多独特的优点，目前在大、中、小型分布式发电站、便携式移动电源、军事、航空航天等领域有着广阔的应用前景。SOFC的显著优点主要表现在：

1.电池发电效率高。燃料不需要通过燃烧，所以不会受到卡诺循环限制，发电效率可以达到60%以上，电池余热和燃气轮机联合使用，总的发电效率理论上可达90%以上。

2.电池采用全固态结构，易于进行模块化设计和电池放大。

3.电池操作温度高，电极反应迅速。所以，电极无须使用贵金属催化剂，能有效控制电池制备成本。

4.电池使用的燃料选择范围广，除了可以使用氢气外，生活中常用的天然气、液化石油气以及便于运输的乙醇、汽油等液体燃料都满足电池的使用要求。

5.电池噪声低，污染物排放少。

6.电池使用寿命长，可达到40000 h以上。

SOFC的工作原理如图11-1所示。在电池工作时，阴极材料中氧气发生以下反应：

$$\frac{1}{2}O_2(g)+2e^- \longrightarrow O^{2-}$$

氧气被催化还原成氧离子，随后氧离子借助电解质中的氧空穴传输到阳极中，与阳极中的燃料发生氧化反应。以氢气燃料为例，氧离子和氢气反应生成水，同时释放电子：

$$O^{2-}+H_2(g) \longrightarrow H_2O(g)+2e^-$$

释放的电子通过对外电路做功回到阴极，从而产生电流。

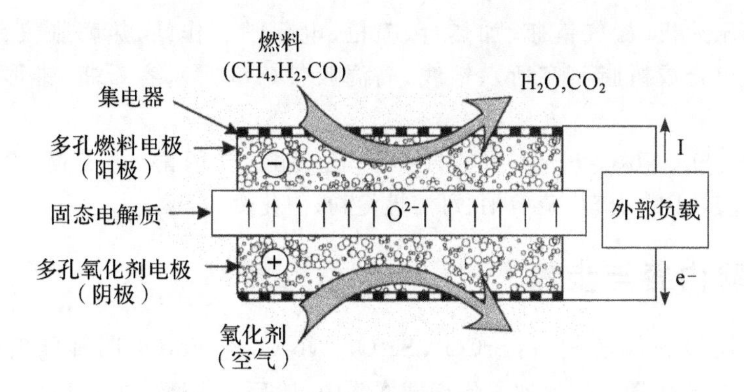

图 11-1　固体氧化物燃料电池工作原理

SOFC 的基本组成是阴极(cathode)、阳极(anode)和电解质(electrolyte)。固态电解质通常是离子导体，空间上分离空气和燃料气，防止其直接燃烧；阴极和阳极作为电极分别是氧气还原成氧离子和氢气与氧离子结合生成水蒸气的主要场所。电解质必须是致密的，而两个电极是多孔的，以增加反应面积和提高反应物的质量传输。

SOFC 阴极主要将空气中的氧气还原成氧离子并把氧离子传输到电解质中。阴极材料的选择需要满足以下要求：

1. 阴极材料对氧气的还原反应具有良好的电催化活性。目前认为阴极的极化阻抗小于 0.15 Ω/cm^2，可以满足 SOFC 的商业化应用。

2. 阴极材料需与电解质、连接体等其他部件有很好的化学兼容性。部分阴极材料会和 ZrO_2 基电解质发生化学反应生成新的杂质相，从而影响或降低电解质材料的电子电导率。

3. 阴极材料电子电导率必须满足一定的要求，通常认为阴极材料的电子电导率要不低于 100 S/cm。

4. 阴极材料在氧化气氛条件下有良好的化学、结构稳定性。此外，考虑到空气中 CO_2 以及常用连接体中含有 Cr 元素，所以阴极材料还需要具有一定的抗 CO_2 和抗 Cr 中毒的能力。

5. 与阳极材料一样，阴极材料还需要一定的孔隙率以及与电解质匹配的热膨胀系数。

降低 SOFC 的操作温度至 500～800 ℃范围内，可以显著提高热循环稳定性，拓宽材料的选择性，降低电池制造和运行成本。然而随着操作温度的降低，阴极上的氧化还原反应(ORR)的活化能和极化电阻迅速增大，从而大大降低了电池的输出功率。因此，阴极材料成为制约 SOFC 发展的瓶颈。传统的钴基阴极材料有助于提高氧还原活性，但钴基材料具有热膨胀系数高的缺点和烧结过程中易与电解质材料发生相反应的特点，因此中温时具有高的电化学活性的新型非钴基阴极材料成为现在阴极材料的研究热点。本实验准备采用高温固相合成法制备非钴基阴极材料。

三、实验设备与材料

刚玉承烧板、刚玉坩埚、镊子、蒸发皿、塑料吸管、电子天平、高能球磨机、烧结炉、

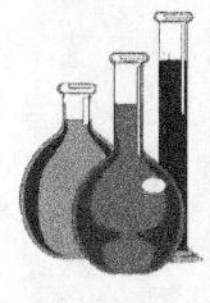

红外灯、粉末压片机、氮气钢瓶、加热台、喷枪、电化学工作站、热膨胀仪、热分析仪、导电银胶(上海市合成树脂研究所)、银线、高温胶带(180℃)、容量瓶、锥形瓶、酸式滴定管等。

$SrCO_3$、Sc_2O_3、Nb_2O_5、Fe_2O_3、C_2H_5OH、乙二醇、异丙醇、丙三醇、钐掺杂氧化铈($Ce_{0.8}Sm_{0.2}O_{1.9}$,SDC)、硫代硫酸钠、可溶性淀粉、碘化钾、盐酸。

四、实验内容与步骤

1. SSNF阴极粉体的制备:$SrCO_3$、Sc_2O_3、Nb_2O_5与Fe_2O_3四种原料按照$SrSc_{0.175}Nb_{0.025}Fe_{0.8}O_{3-\delta}$的化学计量比加入玛瑙球磨罐中,然后加入适量的乙醇作为液相介质,置于高能球磨机上球磨1~2 h,转速为400 r/min。球磨结束后将均匀混合的浆料在钠灯下烘干。随后将得到的粉体在1250 ℃空气氛中煅烧24 h,得到所需的SSNF粉体。粉体装袋,一部分用于SSNF相结构的分析、氧非计量比与脱氧性能的测定、对称电池的制备,另一部分用于制备条状的SSNF,用于热膨胀系数的测定。

2. SSNF与SDC电解质相容性:称取一定质量的SSNF粉体,与SDC粉体研磨混合,然后置于坩埚中,常压下1000 ℃热处理2 h。

3. SSNF阴极粉体的压片成型:称量一定质量的SSNF粉体置于模具中压片成型。

4. 烧结:将压好的条状SSNF阴极材料置于高温炉中,在1250 ℃烧结10 h,用于阴极材料热膨胀系数的测定。

5. 阴极SSNF浆料的制备:采用喷涂法将阴极材料沉积到半电池上,具体方法是:称取1 g SSNF粉体,再移取10 mL异丙醇、2 mL乙二醇和0.6 mL丙三醇,将它们加入玛瑙球磨罐中混合,通过高能球磨机在400 r/min转速下球磨30 min,便得到相应的浆料。然后用塑料吸管将浆料置于20 mL容器中。

6. 对称电池的制备:首先,称取电解质粉体0.4 g置于直径为15 mm的不锈钢模具中,在100~200 MPa的压强下制成生坯,然后在1400 ℃空气氛中焙烧5 h,得到直径约为12 mm的致密电解质圆片。然后,通过喷枪将电极浆料喷涂在制备好的电解质两侧,喷涂前需将电解质片置于200 ℃的加热台上加热。喷涂载气是压缩的氮气。喷涂一次彻底烘干后再进行下一次喷涂,每一面喷涂9~10次。最后,将喷涂好的对称电池置于马弗炉中,以5 ℃/min的升温速率升温到100 ℃,保温2 h,得到对称电池(图11-2)。

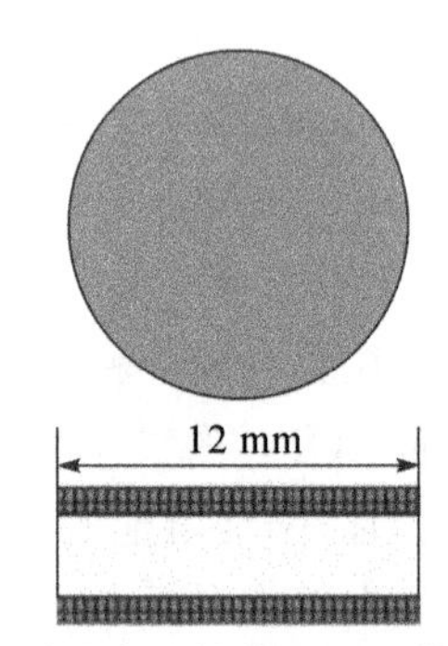

图11-2 对称电池的表面以及截面示意

7. 用XRD分析SSNF阴极材料与SDC电解质的相容性。

8. 用热膨胀仪测定SSNF阴极材料的热膨胀系数。

9. SSNF常温氧非计量比的测量:阴极材料的氧非计量比直接影响到ORR的电化学活性,因为氧空位能提供氧吸附、脱附、在阴极表面扩散的活性位以及氧离子在阴极体相内传导的通道。实验通过碘量法测定 SSNF 的初始氧含量,结合 TGA 数据进而计算出随温度变化氧含量的变化情况。通过碘量法测定氧化物中 B 位变价金属离子的平均价态,从而得到氧化物的氧非计量比。将约 0.1 g 待测粉体置于碘量瓶中,加入过量 KI 粉体覆盖于待测粉体之上,通入氮气将碘量瓶中空气吹出。然后加入 6.0 mol/L HCl 溶液进行溶解,并置于暗处约 0.5 h。待粉体溶解后,加入去离子水 30 mL 将溶解液稀释。最后在氮气保护下,用已标定好的 $Na_2S_2O_3$ 溶液进行滴定,在滴定接近终点时加入适量淀粉溶液作为指示剂。根据反应方程式:

$$B^{(2+x)+}+xI^{-}=\!=\!=B^{2+}+\frac{x}{2}I_2$$

$$I_2+2S_2O_3^{2-}=\!=\!=2I^{-}+S_4O_6^{2-}$$

计算得到消耗 I_2 的量,从而推算阴极材料常温时的 B(Fe)位变价金属离子的平均价态和氧非计量比。

10. SSNF 高温氧非计量比的测量:将制备的 SSNF 阴极材料进行热重分析。热重分析(TGA)是测定样品质量随温度的变化情况。实验采用的仪器是 Netzsch STA 449 F3 热分析仪,在流速为 50 mL/min 的空气氛中进行,测试温度范围从室温到 1000 ℃,升温速率为 10 ℃/min。实验得到一个随温度变化的 TGA 曲线。根据 TGA 曲线,利用下列公式计算高温氧非计量比(δ),分析阴极材料高温脱氧情况:

$$\delta=\frac{M(m_0-m)}{15.9994m_0}+\delta_0 \tag{11-1}$$

式中:δ 为高温氧非计量比;m_0 为样品加热前的质量;m 为样品加热到某一温度时的质量;M 为样品的摩尔质量;δ_0 为样品在常温时的氧非计量比。

11. SSNF 阴极材料电化学性能测试:采用电化学阻抗谱(EIS)研究电极的极化电阻和电解质欧姆电阻,从而分析电极反应动力学。测试温度范围为 500~750 ℃,每 50 ℃测量一次阻抗谱,测试气氛为空气。根据测试的数据,计算阴极材料在不同温度时的界面电阻($\Omega\cdot cm^2$)。

五、实验结果与讨论

1. SSNF 的非化学计量比随温度升高呈现怎样的变化趋势?
2. 如何确定 SSNF 与 SDC 电解质材料的相容性?
3. 为什么要测定 SSNF 阴极材料的热膨胀性?

六、思考与探索

为什么用固相反应法制备 SSNF 固体燃料电池的阴极粉体?

参考文献

[1] Chen G, Wang Y, Sunarso J, et al. A new scandium and niobium co-doped cobalt-free perovskite cathode for intermediate-temperature solid oxide fuel cells[J]. Energy, 2016, 95(15): 137-143.
[2] Jun A, Kim J, Shin J, et al. Perovskite as a cathode material: A review of its role in solid-oxide fuel

cell technology [J]. ChemElectroChem,2016,3(4):511-530.

（陈桂华）

实验 12　玻璃纤维增强 ABS 配方设计及制备

一、实验目的

1. 了解增强改性的基本概念及一般方法。
2. 了解 ABS 的基本性能，以及配方设计方法。

二、实验原理

ABS 是丙烯腈(A)、丁二烯(B)、苯乙烯(S)三种单体的共聚物，三种单体相对含量可任意变化，制成各种树脂。ABS 兼有三种单体的共同性能，A 使其耐化学腐蚀、耐热，并有一定的表面硬度，B 使其具有高弹性和韧性，S 使其具有热塑性塑料的加工成型特性并改善其电性能。因此，ABS 塑料是一种原料易得、综合性能良好、价格便宜、用途广泛的“坚韧、质硬、刚性”材料，在电气、纺织、汽车、飞机、轮船等制造业中获得了广泛的应用。

玻璃纤维增强 ABS 复合材料，是以 ABS 为基体，以玻璃纤维为增强材料而制成的复合材料，它综合了塑料基体和玻璃纤维的综合性能，已成为一种具有优越性能和广泛用途的工程材料。玻璃纤维增强的复合材料还可以按纤维的长度分类，分为长纤维复合材料和短纤维复合材料。玻璃纤维按化学组分可分为无碱铝硼硅酸盐（简称无碱纤维）和有碱铝硼硅酸盐（简称中碱纤维）。玻璃纤维增强塑料具有比强度高、耐腐蚀、隔热、成型收缩率小等优点，此外，利用玻璃纤维增强可以使塑料的拉伸性能大幅度提高。

对复合材料的增强效果来说，玻璃纤维的长径比是一个至关重要的影响因素。要使纤维能够充分发挥其增强作用，必须使基体树脂与纤维界面的剪切应力大于或等于纤维本身的拉伸屈服应力，为了满足这一条件，纤维的长径比必须大于或等于临界值。在玻璃纤维直径已定的情况下可以通过改变挤出机螺杆的组合和转速来调节玻璃纤维的长度，达到控制玻纤长径比的目的。

用玻璃纤维来增强 ABS 塑料还需考虑其相容性能，常见的是用偶联剂处理不同纤维的表面，也有采用马来酸酐接枝物和环氧树脂来提高界面性能的报道，这些方法对于 ABS 复合材料的高性能化具有重要意义。

三、实验设备与材料

高速混合机、双辊开炼机、平板硫化机、试样压制模板、万能制样机、双螺杆挤出机、塑料注射机、万能材料试验机、电子式简支梁冲击试验机、显微熔点测试仪、示差扫描量热仪、洛氏硬度计、红外光谱仪、动态热机械分析仪。

ABS、环氧树脂、抗氧剂 1010、硅烷偶联剂、钛酸酯偶联剂、POE-g-MAH、玻璃纤维等。

四、实验内容与步骤

1. 学生查阅文献后，每组确定两种改性 ABS 的方案，经指导老师审核通过后，确定一种可行方案进行实验。

2. 根据实验方案进行实验，包括材料的制备和力学性能测试(拉伸强度、断裂伸长率、冲击强度、硬度等)。

3. 撰写实验报告。实验报告内容包括实验目的、实验原理、主要设备及材料、实验工艺配方、实验工艺流程(以框架图形式表示，并在图下给出具体工艺参数)、结果与讨论(共混产物外观、改性前后性能比较)。

五、实验结果与讨论

1. 所用设备参数。

2. 将材料配方填入表 12-1 中。

表 12-1 材料配方

配方	A 组	B 组
基料		
改性剂 1		
改性剂 2		
改性剂 3		
改性剂 4		
改性剂 5		

3. 加工工艺参数。

4. 将测试数据填入表 12-2 中。

表 12-2 测试数据

性能	A 组	B 组
拉伸强度/MPa		
拉伸弹性模量/MPa		
断裂伸长率/%		
弯曲强度/MPa		
弯曲模量/MPa		

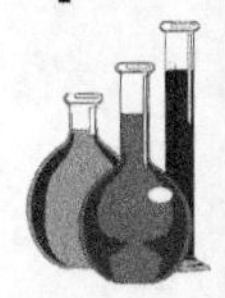

续表

性能	A组	B组
冲击强度/MPa		
维卡软化点/℃		

六、思考与探索

1. 简述增强ABS所用纤维种类的选择原则。
2. ABS与其余通用塑料相比有何特点？

参考文献

[1] 刘明晖，袁象恺，余木火．长玻纤增强ABS复合材料的性能研究[J]．化工新型材料，2004，32(1)：23-25.

[2] 陈桂兰，罗伟东，李荣勋，等．工艺条件对玻纤增强ABS性能的影响[J]．工程塑料应用，2002，30(5)：16-18.

（何志才、黄剑）

实验13　高强度双网络水凝胶的制备

一、实验目的

1. 了解双网络水凝胶的制备原理。
2. 了解双网络水凝胶的增强机理。

二、实验原理

水凝胶具有稳定的三维网状结构，其含水量可高达90%，具有良好的物化性能和生物相容性，与生物组织具有诸多相似之处，例如，人体含有大量的软组织（如筋、软骨、韧带和肌肉等），虽然含有30%～80%的水分，却表现出非常优异的机械性能（如坚韧、抗冲击和高润滑等），而合成水凝胶在溶胀后依然能保持一定的强度和韧性，因此，水凝胶在生物医药领域具有广泛的应用前景。

水凝胶用于替换受损或坏死的生物组织就必须在具有生物相容性的基础上，同时兼顾较高的机械强度和韧性，然而传统的单网络（SN）水凝胶虽然制备简单，但是往往表现出较差的机械强度和韧性。针对人工合成水凝胶的这一弱点，研究者们在如何提高水凝胶的力学性能方面开展了大量的研究工作，目前能够有效提高水凝胶力学性能的方法主要有纳米复合水凝胶、双网络水凝胶、大分子微球交联凝胶、疏水缔合凝胶、treta-PEG 水凝胶，以及互穿网络水凝胶等。其中，双网络（DN）水凝胶是近年来研究的热点之一，双网络水凝胶是由具有很强结构非对称性的两种聚合物网络形成的特殊交联体系，从机械性能上来看，其拉伸断裂应力和应变分别为 1～10 MPa 和 1000％～2000％，压缩断裂应力和应变分别为 20～60 MPa 和 90％～95％、撕裂能为 10^2～10^3 J/m。从结构组成上来看，双网络水凝胶是由脆性的低交联度聚合物网络和韧性的高交联度聚合物网络组成的。材料发生断裂或破坏要经历两个过程，即起始裂缝形成和裂缝的发展。因此，为了得到高强度的凝胶，可以通过阻止裂缝的形成或抑制裂缝的发展来实现。龚剑萍等在大量实验基础上提出了制备高性能双网络水凝胶的优化条件：①刚而脆的聚合物（通常是强聚电解质）为第一重网络，软而韧的聚合物（如中性聚合物）为第二重网络；②第一重网络的物质的量浓度通常是第二重网络的 20～30 倍；③第一重网络需要紧密交联而第二重网络需要松散交联，并且第二重网络要形成高分子聚合物。这为制备高强度双网络水凝胶提供了强有力的依据。

琼脂糖（agarose）是从海藻中提取得到的线性多聚物，是由 1，3 连结的 β-D-半乳糖和 1，4-连结的 3，6-内醚-L-半乳糖交替连接起来的长链聚合物。琼脂糖在 65～80 ℃下溶解，当温度降至 40 ℃一下时呈半固体状的凝胶，呈电中性且不受 pH 影响，在室温环境和人体温度内能够稳定存在。细胞接种的琼脂糖水凝胶已被广泛使用在软骨中。琼脂糖水凝胶属于物理凝胶（侧链上的羟乙基可形成氢键），非常适合用来构筑双网络水凝胶的第一重网络。丙烯酰胺（acrylamine，AM）是一种白色晶体化合物，具有可溶于水和生物降解等特点。聚丙烯酰胺是一种水溶性聚合物，其结构中含有大量的酰胺基团，易于形成氢键，具有一定的韧性，因此，聚丙烯酰胺水凝胶可以被用来制作软组织填充物。然而，传统的聚丙烯酰胺水凝胶往往具有机械性能差、耐温性能差，以及环境响应性差等缺点，严重影响了其应用。

本实验将脆性的琼脂糖和韧性的聚丙烯酰胺相结合，通过“一锅法”构筑 agar-polyAM 双网络水凝胶，重点考察该双网络水凝胶的力学性能。

三、实验设备与材料

紫外光反应器（8 W，365 nm）、冷冻干燥机、扫描电子显微镜、万能试验机。

琼脂糖（凝胶强度＞800 g/cm，熔点 85～95 ℃）、丙烯酰胺（AM，ω＝99％）、N，N'-亚甲基双丙烯酰胺（MBAA，ω≥99％）、2-羟基-4′-（2-羟乙氧基）-2-甲基苯丙酮（光引发剂，ω≥98.0％）。

四、实验内容与步骤

1. 将一定量琼脂糖、AM、MBAA、光引发剂和去离子水置于试管中，并反复（3～5 次）抽真空、鼓氮气，除去溶液中的氧气，然后密封。

2. 将盛有反应物的试管（1#）油浴加热至约 90 ℃，使琼脂糖充分溶解，溶液呈无色透明状。

3. 待 2# 中反应液自然冷却至～60 ℃，用注射器将试管中反应液移至模具中，并自然冷却至室温，此时形成第一重琼脂糖水凝胶网络。

4. 将 3# 中冷却后的模具移至紫外光反应器下，继续紫外光反应，反应持续 2～3 h，即得到 agar-polyAM 双网络水凝胶。

5. 将制备好的 agar-polyAM 双网络水凝胶用去离子水浸泡 12 h 除去未参与反应的单体，然后在液氮中脆断，进行冷冻干燥处理，待用。实验反应条件如表 13-1 所示。

表 13-1　agar-polyAM 双网络水凝胶反应体系组成

样品号	琼脂糖/g	AM/g	MBAA/g	光引发剂/g	H_2O/g
1#	0.1	0.9	0.003	0.028	5
2#	0.3	0.9	0.004	0.034	5
3#	0.1	0.5	0.002	0.017	5

6. 用扫描电子显微镜观察水凝胶断面（样品经过冷冻干燥处理）。

7. 考察水凝胶的水溶胀性能。

8. 利用万能试验机测试双网络水凝胶的拉伸强度（样品为哑铃型，载荷 100N，拉伸速度为 100 mm/min）。

五、实验结果与讨论

讨论不同 agar/AM 比例下双网络水凝胶的力学性能。

六、思考与探索

分析制备双网络水凝胶时，交联剂 MBAA 的添加量对水凝胶力学性能的影响。

参考文献

[1] Chen Q, Zhu L, Zhao C, et al. A robust, one-pot synthesis of highly mechanical and recoverable double network hydrogels using thermoreversible sol-gel polysaccharide[J]. Advanced Materials, 2013,25(30):4171-4176.

[2] 朱琳，陈强，徐昆. 高强度双网络水凝胶的增韧机理[J]. 化学进展，2014，26(6)：1032-1038.

[3] 高国荣，杜高来，孙元娜，等. 高强韧与响应型高分子水凝胶研究进展[J]. 中国材料进展，2015，34(Z1)：571-581，557.

（肖圣威）

实验 14　智能双层水凝胶驱动器制备

一、实验目的

1. 了解水凝胶弯曲形变的机理。
2. 观察双层水凝胶的弯曲性能。

二、实验原理

水凝胶可储存大量的水，同时具有稳定的三维网状结构，既是高分子的浓溶液，也是高弹性固体，良好的物化性能和生物相容性使其在生物医学和工业生产等领域具有重要的应用前景。智能水凝胶作为水凝胶家族的重要组成部分一直是被研究开发的热点。智能水凝胶会在外界环境发生改变时(如温度、pH、离子、压力、电场、光和溶剂等)表现出体积、颜色或形状等变化，若去除外界环境的刺激，又可恢复到初始状态，因此，在人造肌肉、药物控释、表面涂层和智能驱动器等方面具有巨大的应用价值。

相对于传统的单层水凝胶，具有各向异性性质的水凝胶体系可以模拟软体驱动器完成不同的机械运动，如可实时控制的捕捉/释放、弯曲/缠绕/封装等，我们把这类水凝胶称为形状自适应水凝胶。为了实现对这种各向异性水凝胶形变的可控，通常的设计策略是将一种具有刺激响应机制的水凝胶与另外一种材料(包括水凝胶和膜材料等)通过物理和/或化学作用黏结在一起组成不对称结构，在特定的环境刺激下诱导结构发生形状转变。

典型的刺激响应型水凝胶包括 pH 响应性、温度响应性、离子响应性、电场响应性、光响应性，以及磁场响应性水凝胶，其中，温度响应性水凝胶是目前研究最多的一类智能水凝胶，这是因为环境温度很容易控制，组成这类水凝胶的温敏性单体结构式上一般都同时含有亲水段和疏水段，当环境温度发生变化时，聚合物链上亲水段和疏水段构象会受到影响而发生改变，破坏大分子链之间或大分子链与水之间的氢键作用，从而影响到聚合物的亲/疏水性，在宏观尺度上会表现出水凝胶的相转变，相变时的温度为高临界溶解温度(UCST)或低临界溶解温度(LCST)。聚 *N*-异丙基丙烯酰胺水凝胶(polyNIPAM)是最具代表性的温度响应性水凝胶，其低临界溶解温度(LCST)约为 32℃，聚合物链上含有亲水的酰胺基和疏水的异丙基(结构如图 14-1 所示)。当环境温度低于 LCST 时，酰胺基与水分子易形成氢键，聚合物表现亲水性，相应的 polyNIPAM 水凝胶吸水溶胀；当温度高于 LCST 时，氢键被破坏，聚合物链中疏水基团间的相互作用加强，水凝胶表现为脱水收缩。因为 polyNIPAM 的相转变温度非常接近

O
H_2C ═ 　 HN　 CH_3 　 CH_3

图 14-1　*N*-异丙基丙烯酰胺结构式

于人体的温度，所以在生物医学领域具有潜在的应用价值。

聚偏氟乙烯(PVDF)常态下为半结晶高聚物，结晶度约为50%，结构为$\left[CH_2-CF_2\right]$，密度为1.75～1.78 g/cm^3，玻璃化转变温度为－39 ℃，脆化温度为－62 ℃，熔点为170 ℃，热分解温度为350 ℃左右，长期使用温度为－40～150 ℃。PVDF除了具有良好的耐化学腐蚀性、耐高温性、耐氧化性、耐候性、耐射线辐射性能外，同时还具有压电性、介电性、热电性等特殊性能，是目前含氟塑料中产量列第二位的产品，被广泛用于石油化工、电子电气和氟碳涂料等领域。

本实验将亲水性较差的PVDF和水凝胶组合，构筑polyNIPAM-PVDF双层结构的水凝胶，综合polyNIPAM的温度刺激响应性特点和PVDF良好的物理化学性能制备一种形状可控的材料，该材料可以在控制环境温度的条件下完成一些复杂的机械运动(如卷曲、弯曲、扭曲或自折叠)。

三、实验设备与材料

臭氧-等离子体发生器、真空旋转涂膜仪、冷冻干燥机、摄像机、扫描电子显微镜。

N-异丙基丙烯酰胺(NIPAM，98%，含稳定剂MEHQ)、PVDF膜、过硫酸铵(APS，≥98%)、四甲基乙二胺(TMEDA，99%)、*N*，*N*′-亚甲基双丙烯酰胺(MBAA，≥99%)、3-(异丁烯酰氧)丙基三甲氧基硅烷(97%，含100 μg/g BHT稳定剂)。

四、实验内容与步骤

1.将PVDF膜预先分别用乙醇和去离子水清洗，除去表面灰尘，然后烘干待用。

2.将洗净待用的PVDF膜置于臭氧-等离子体发生器中处理2～5 min，使PVDF膜表面富集大量羟基。

3.立即将步骤2中羟基化的PVDF膜置于含2% 3-(异丁烯酰氧)丙基三甲氧基硅烷水溶液中，室温下处理2 h，利用硅氧烷与羟基的相互作用使PVDF膜表面富集可聚合的碳碳双键。

4.取出步骤3中双键化处理的PVDF膜，分别用乙醇和去离子水洗去表面未接枝的3-(异丁烯酰氧)丙基三甲氧基硅烷。

5.将步骤4中双键化的PVDF膜用双面胶粘于载玻片表面，然后置于真空旋转涂膜仪上，然后将配制好的NIPAM反应液旋涂在接有双键一侧的PVDF膜上，旋涂速度为300～1000 r/min。NIPAM反应体系组成如表14-1所示。

6.将旋涂好的PVDF膜室温下反应6 h，即得到polyNIPAM-PVDF双层结构水凝胶。

7.将制备好的polyNIPAM-PVDF双层结构水凝胶用去离子水浸泡12 h以除去未反应的单体，然后在液氮中脆断，进行冷冻干燥处理，待用。

表 14-1　NIPAM 水凝胶反应体系组成

样品号	NIPAM/g	MBAA/g	APS/g	TMEDA/μL	H_2O/g
1#	0.3	0.001	0.003	15	1
2#	0.5	0.001	0.003	15	1
3#	0.3	0.002	0.003	15	1

8. 用扫描电子显微镜观察水凝胶断面(样品经过冷冻干燥处理)。

9. 用摄像机录下水凝胶在不同温度下的弯曲行为。

10. 考察水凝胶的水溶胀性能。

11. 利用该双层结构水凝胶制作简单的智能驱动器(如仿真机器人抓手、电路开关)。

五、实验结果与讨论

讨论环境温度对水凝胶弯曲性能的影响。

六、思考与探索

分析制备 polyNIPAM 水凝胶层时,polyNIPAM 水凝胶厚度与最终双层水凝胶弯曲性能的关系。

参考文献

[1] Ionov L. Polymeric actuators[J]. Langmuir,2015,31(18):5015-5024.

[2] Chatterjee P,Dai A,Yu H,et al. Thermal and mechanical properties of poly(N-isopropylacrylamide)-based hydrogels as a function of porosity and medium change[J]. Journal of Applied Polymer Science,2015,132(45):42776.

(肖圣威)

实验 15　EPDM 汽车正时带专用料的制备

一、实验目的

1. 了解汽车正时带工作原理及 EPDM 的性能。

2. 掌握 EPDM 汽车正时带专用料制备的方法。

3. 掌握 EPDM 汽车正时带的力学性能以及耐热老化性能的测试方法,以判断实验方案的优缺点。

二、实验原理

配气系统是汽车发动机系统的重要组成部分。传统的配气系统传动方式有3种:齿轮传动、链传动和齿带传动。齿轮传动有噪声,在高载下容易引起胶合、变形,长期运行会导致点蚀;链传动的瞬时传动比不恒定,高速工作时噪声大,容易产生冲击疲劳而损坏,长期运行会导致磨损,容易引起跳齿或脱链。近年来齿带(正时带)传动被广泛推广和运用于汽车配气系统传动。传统的正时带为橡胶齿带,一般是由氯丁橡胶作为基体,玻璃纤维抗拉体作为强力层,在齿面覆盖有尼龙织物以增强表面强度。橡胶齿带的材料特性与结构特性使得正时带在一般情况下都能很平稳地运行。

正时带在20世纪60—70年代投入使用。发达国家对正时带的研究处于领先地位,国内正时带的生产和研发正在奋起直追,已经成为汽车传动系统研究的重点。

正时带是发动机配气系统的重要组成部分,通过与曲轴的连接并配合一定的传动比来保证进、排气时间的准确,并且还有传送时噪声小、传动精度高、自身变化量小和易于补偿的优点。正时带属于橡胶部件,它在工作时会与附件(如张紧轮、张紧器)发生摩擦而磨损,这就要求正时带胶料具有良好的耐磨性和小尺寸变化率的特点。三元乙丙橡胶(EPDM)是一种通用橡胶,其价格适中,在耐热、耐裂口增长、耐候、耐臭氧和耐化学品等方面都具有非常优异的性能。国外多年前就已经开始EPDM汽车传动带的研发和生产,我国起步较晚,技术相对还很不成熟。本实验利用EPDM为主要胶种,通过特定配方和加工工艺制备汽车正时带专用料。

三、实验设备与材料

高速混合机、双辊开炼机、密炼机、平板硫化机、试样压制模板、万能制样机、万能材料试验机、硫化仪、HAAKE流变仪、热重分析仪、示差扫描量热仪、邵氏硬度计、红外光谱仪、动态热机械分析仪。

EPDM 378、EPDM 3950、氯磺化聚乙烯、炭黑、白炭黑、短纤维、聚酯线绳、硫磺、促进剂DM、促进剂TMTD、氧化锌、防老剂RD、硬脂酸等。

四、实验内容与步骤

1. 学生查阅文献后,每组设计两种制备EPDM正时带胶料的具体方案,经指导老师审核通过后,确定一种可行方案进行实验。

2. 根据实验方案进行操作,包括材料的制备、力学性能测试(拉伸强度、断裂伸长率、硬度、耐磨性等)和耐热老化性能测试。

3. 撰写实验报告。实验报告内容包括实验目的、实验原理、主要设备及材料、实验工艺配方、实验工艺流程(以框架图形式表示,并在图下给出具体工艺参数)、结果与讨论(胶料外观、制备的胶料的热力学性能及原因分析,并阐述其不足和改进的方向)。

五、实验结果与讨论

1. 所用设备参数。
2. 将材料配方填入表 15-1 中。

表 15-1 材料配方

配方	A 组	B 组
基料		
组分 1		
组分 2		
组分 3		
组分 4		
组分 5		

3. 加工工艺参数。
4. 将测试数据填入表 15-2 中。

表 15-2 测试数据

性能	A 组	B 组
拉伸强度/MPa		
拉伸弹性模量/MPa		
断裂伸长率/%		
邵氏 A 硬度/(°)		
拉伸强度/MPa,老化 72 h		
拉伸弹性模量/MPa,老化 72 h		
断裂伸长率/%,老化 72 h		
邵氏 A 硬度/(°),老化 72 h		

六、思考与探索

1. 常用橡胶的硫化方法有哪些?
2. EPDM 汽车正时带有哪些缺点?
3. 汽车正时带除选用 EPDM 胶料外,还有哪些选择?

参考文献

[1] 吴贻珍. 中国传动带技术现状与未来发展[A]//中国胶带发展论坛论文集[C]. 杭州:中国橡胶工业

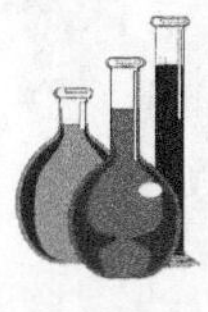

协会,2006:42-56.

[2] 刘洪江,钦焕宇,吴卫东.耐热 EPDM 汽车多楔带产品的研制[J].特种橡胶制品,2011,32(4):41-44.

(何志才、陈智勇)

实验 16 PLA 智能记忆材料的制备

一、实验目的

1. 了解智能记忆材料种类及智能记忆原理。

2. 掌握 PLA 智能记忆材料制备的一般方法。

3. 掌握 PLA 智能记忆材料的力学性能和记忆性能的测试方法,以判断实验方案的优缺点。

二、实验原理

在众多聚合物中,聚乳酸(PLA)由于具有可完全生物降解性和以可再生资源为原料的植物来源性,被誉为最具发展潜力的生物降解聚合物材料。生物降解高分子材料是指材料完成使用功能后,可以被微生物所分解发生分子链断裂,最终分解成小分子被环境所吸收的一类高分子材料。所以,PLA 的开发应用能够减少废弃高分子材料对环境的白色污染,节省石油资源,有效抑制由于二氧化碳净排放量增加而导致的地球温室效应的加剧。但是 PLA 较脆,韧性差,极大地限制了其广泛应用。

PLA 作为一种热塑性聚合物材料,能采用通用的方法,如挤出、模塑、浇注成型、纺丝、吹塑等进行加工,可以代替现有的石油基塑料制品,解决环境污染的问题。但是,现阶段 PLA 的应用仍然受到限制,这主要由于 PLA 存在许多缺点。首先,力学性能较差。PLA 是与聚苯乙烯(PS)和聚对苯二甲酸乙二醇酯(PET)性能相近的热塑性结晶高聚物,在常温下柔软性和抗冲击性差,断裂伸长只有 1%~5%,这种固有的脆性限制了 PLA 的应用范围。其次,加工性能不好。PLA 对热不稳定,即使在低于熔融温度和热分解温度下加工也会使聚合物相对分子质量大幅度下降,出现热降解现象,这对聚合物的性能极为不利。为克服上述缺点,改善 PLA 材料的机械性能和加工性能,以及降低 PLA 的成本,必须对其进行增韧改性。

此外,PLA 具有适度的分子链柔性,并且 T_g 较低,大约为 60 ℃,理论及实验证明其具有一定的热致形状记忆效应。但是,由于其常温韧性较差,严重影响了 PLA 形状记忆效应的表现。因此进行 PLA 增韧改性及其形状记忆效应方面的研究,对揭示材料结构与性能之间的相互关系,拓展 PLA 材料的应用领域有着极为重要的意义。

三、实验设备与材料

高速混合机、双辊开炼机、平板硫化机、试样压制模板、万能制样机、双螺杆挤出机、塑料注射机、万能材料试验机、电子式简支梁冲击试验机、显微熔点测试仪、示差扫描量热仪、洛氏硬度计、红外光谱仪、动态热机械分析仪。

聚乳酸(PLA)、聚酰胺系弹性体(PAE)、重质碳酸钙、纳米碳酸钙、超细白炭黑、滑石粉、炭黑、抗氧剂等。

四、实验内容与步骤

1. 学生查阅文献后，每组确定两种改性 PLA 的具体方案，经指导老师审核通过后，确定一种可行方案进行实验。

2. 根据实验方案进行操作，包括材料的制备、力学性能测试(拉伸强度、断裂伸长率、冲击强度、硬度等)和材料记忆性能的测试。

3. 撰写实验报告。实验报告内容包括实验目的、实验原理、主要设备及材料、实验工艺配方、实验工艺流程(以框架图形式表示，并在图下给出具体工艺参数)、结果与讨论(共混产物外观、改性前后性能比较)。

五、实验结果与讨论

1. 所用设备参数。

2. 将材料配方填入表 16-1 中。

表 16-1　材料配方

配方	A 组	B 组
基料		
组分 1		
组分 2		
组分 3		
组分 4		
组分 5		

3. 加工工艺参数。

4. 将测试数据填入表 16-2 中。

表 16-2　测试数据

性能	A 组	B 组
拉伸强度/MPa		
拉伸弹性模量/MPa		
断裂伸长率/%		
弯曲强度/MPa		
弯曲模量/MPa		
冲击强度/MPa		
形状回复率/%		

六、思考与探索

1. 结合 PLA 塑料阐述智能记忆材料的记忆机理。
2. 除 PLA 塑料以外，还有哪些塑料具备智能记忆性能？试举例说明。

参考文献

[1] 张伟，魏发云，张瑜. PLA/PAE 复合材料的形状记忆效应及机理研究[J]. 南通大学学报(自然科学版)，2012，11(2)：52-56.
[2] 张伟. 聚乳酸增韧增强改性及形状记忆效应研究[D]. 上海：东华大学，2010.
[3] 郑培晓，胡焯郎，李旭明，等. 增韧聚乳酸复合材料的研究[J]. 轻纺工业与技术，2015(4)：33-34，41.

（何志才、黄剑）

实验 17　PPR 管材专用料的制备

一、实验目的

1. 了解 PPR 管材特点及其挤出工艺过程。
2. 了解 PPR 共混改性的一般方法。
3. 熟悉并掌握 PPR 管材专用料热力学性能的测试方法，以判断实验方案的优缺点。

二、实验原理

无规共聚聚丙烯(PPR)管材管件是欧洲 20 世纪 90 年代初开发应用的新型塑料管道产品。该产品采用气相共聚法使 3%～5%的乙烯与丙烯生成无规共聚物，经挤出(管材)

或注射(管件)成型。新开发出来的PPR具有很多优异的性能,比其他PP材料具有更好的抗冲击性能,又具备长期耐热性能和蠕变性能,相同温度和内压条件下使用寿命更长。但是在长期使用中发现,PPR管材也有很多缺点,特别是低温缺口冲击强度低,在温度较低的北方地区,PPR管材表现为易脆、易爆。在PPR管材中加入弹性体材料后虽可在一定程度上改善低温脆性,但材料的高温性能下降,两性能无法兼顾,这已经成为制约PPR管材发展的重要瓶颈。

自20世纪70年代中期以来,国内外对PP的增韧改性进行了广泛而深入的研究,但对PPR管材专用料的增韧研究不多,多为简单的共混填充改性。这里可借鉴PP的改性来指导PPR管材专用料的改性研究,采用共混改性,形成宏观均相、微观非均相的PPR相结构可制备性能优良的PPR管材专用料。具体来讲有以下三种方法:

1.弹性体增韧:常用的PPR增韧弹性体有三元乙丙橡胶(EPDM)、苯乙烯-丁二烯-苯乙烯三嵌段共聚物(SBS)、乙烯-辛烯共聚物(POE)等。由于此类物质能够吸收部分冲击能,诱发和抑制裂纹的增长,从而使PPR中脆性断裂转变为韧性断裂,大幅度提高其冲击强度,改善PPR的韧性。

2.无机刚性体增韧:弹性体增韧PPR,虽可极大提高材料的抗冲击性能,但往往是以降低材料弯曲模量、削弱材料刚性和热性能为代价。刚性体增韧PPR,则可在增韧的同时保持材料的刚性,还可以使体系的其他性能得以协调提高,许多研究表明无机刚性体(如超细$CaCO_3$、$BaSO_4$、nano-SiO_2、有机钙盐、方解石、滑石粉、高岭土、膨润土、云母等)增韧效果明显。

3.有机刚性体增韧:有关有机刚性体增韧PPR的技术和机理尚不成熟,但可以肯定的是,不同共混体系增韧机理不同。柔性聚合物如乙烯-醋酸乙烯共聚物(EVA)、低密度聚乙烯(LDPE)、线性低密度聚乙烯(LLDPE)、高密度聚乙烯(HDPE)等的增韧机理与弹性体增韧机理相似,其增韧效果不如弹性体,但对共混体系的强度和刚度的危害比弹性体低得多。刚性聚合物如聚碳酸酯(PC)、液晶聚合物(LCP)、尼龙6(PA6)、尼龙66(PA66)等的增韧机理主要是“冷拉”机理。此类聚合物可在提高材料抗冲击性能的同时,提高其加工流动性和热变形温度而不降低其拉伸强度和刚性。

三、实验设备与材料

高速混合机、双辊开炼机、平板硫化机、试样压制模板、万能制样机、双螺杆挤出机、塑料注射机、万能材料试验机、电子式简支梁冲击试验机、显微熔点测试仪、示差扫描量热仪、洛氏硬度计、红外光谱仪、动态热机械分析仪。

无规共聚聚丙烯(PPR)、均聚聚丙烯(PPH)、嵌段共聚聚丙烯(PPB)、低密度聚乙烯(LDPE)、超低密度聚乙烯(ULDPE)、线性低密度聚乙烯(LLDPE)、高密度聚乙烯(HDPE)、乙烯-辛烯共聚物(POE)、苯乙烯-丁二烯-苯乙烯三嵌段共聚物(SBS)、乙烯-醋酸乙烯共聚物(EVA)、三元乙丙橡胶(EPDM)、β成核剂、超细碳酸钙、超细白炭黑、滑石粉、抗氧剂等。

四、实验内容与步骤

1. 学生查阅文献后，每组确定两种改性 PPR 的具体方案，经指导老师审核通过后，确定一种可行方案进行实验。

2. 根据实验方案进行操作，包括材料的制备和力学性能测试（拉伸强度、断裂伸长率、冲击强度、硬度等）。

3. 撰写实验报告。实验报告内容包括实验目的、实验原理、主要设备及材料、实验工艺配方、实验工艺流程（以框架图形式表示，并在图下给出具体工艺参数）、结果与讨论（共混产物外观、改性前后性能比较）。

五、实验结果与讨论

1. 所用设备参数。

2. 将材料配方填入表 17-1 中。

表 17-1　材料配方

配方	A 组	B 组
基料		
组分 1		
组分 2		
组分 3		
组分 4		
组分 5		

3. 加工工艺参数。

4. 将测试数据填入表 17-2 中。

表 17-2　测试数据

性能	A 组	B 组
拉伸强度/MPa		
拉伸弹性模量/MPa		
断裂伸长率/%		
弯曲强度/MPa		
弯曲模量/MPa		
冲击强度/MPa		
邵氏 D 硬度/(°)		

六、思考与探索

1. 详细阐述弹性体增韧 PPR 管材的机理。

2. 增韧 PPR 管材常用的方法有哪些？试分析各种增韧方法的优缺点。

参考文献

[1] 成威，廖秋慧，曹云龙，等. β成核剂对 PPR 管材专用料力学性能和结晶行为的影响[J]. 塑料工业，2016，44(1)：120-124.

[2] 成威. PPR 管材低温机械性能改善技术研究[D]. 上海：上海工程技术大学，2016.

[3] 赵唤群. 无规共聚聚丙烯 PPR 管材专用料研制和生产[D]. 天津：天津大学，2007.

（何志才、黄剑）

实验 18　PP 汽车保险杠材料的制备

一、实验目的

1. 了解汽车保险杠材料的性能要求及常用的制备材料。

2. 掌握 PP 材料制备的加工方法和改性原理。

3. 掌握 PP 汽车保险杠材料的力学性能、涂漆性能及耐光老化性能的测试方法，以判断实验方案的优缺点。

二、实验原理

汽车前后保险杠与进气格栅、前后大灯等一起构成了整车前脸和尾部最主要的部件。汽车保险杠的材料经历了由金属到塑料的变化历程，早期的前后保险杠是以金属材料为主，与车架纵梁铆接或焊接在一起，与车身有一段较大的间隙，好像是一件附加上去的部件，质量大，外观不良。当今的汽车前后保险杠除了保持原有的保护功能外，还要追求与车体造型的和谐与统一，追求本身的轻量化，所以，目前汽车的前后保险杠材料多采用工程塑料或改性通用塑料，要求既具有良好的强度、刚性，又有良好的可加工性，可以制作成不同的造型，起到装饰的作用。

随着国内汽车产量的不断增长，汽车产品档次的不断提高，对汽车保险杠专用材料的国产化研究也进入了一个较快的发展时期，其中聚丙烯(PP)汽车保险杠专用材料的研究、开发是一个重点方向。中国汽车工业总公司对此很重视，在“汽车工业 2000 年发展规划”中明确指出“把聚丙烯改性材料作为汽车工业需要重点发展的塑料品种之一，把研制、生产塑料保险杠、仪表板等作为汽车工业需要重点发展的零部件”。

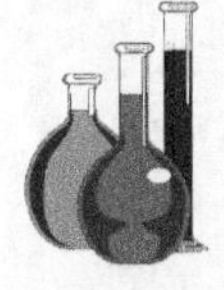

PP是综合性能优良的通用塑料，具有密度小、性能好、易加工、价格低等特点，在汽车用塑料中用量最大，增长速度最快，尤其适合于制作汽车保险杠，但PP的低温脆性、成型收缩率大、耐冲击性差等缺点限制了其应用。随着汽车工业的迅猛发展和塑料改性技术的不断进步，采用增韧、增强等共混技术研制开发质轻、耐热老化、抗冲击、高刚性的PP材料是拓宽PP材料应用范围的主要方法。

PP的增韧改性方法与PPR类似，也有三种，即弹性体增韧、无机刚性体增韧、有机刚性体增韧，具体见实验17。

三、实验设备与材料

高速混合机、双辊开炼机、平板硫化机、试样压制模板、万能制样机、双螺杆挤出机、塑料注射机、万能材料试验机、电子式简支梁冲击试验机、显微熔点测试仪、示差扫描量热仪、洛氏硬度计、红外光谱仪、动态热机械分析仪。

共聚PP(K8303、B8001)、均聚PP(T30S)、POE(8200)、线性低密度聚乙烯(DFDA-7042)、碳酸钙、抗氧剂1010、云母、硅灰石、PE蜡等。

四、实验内容与步骤

1. 学生查阅文献后，每小组制定两种制备PP汽车保险杠的具体方案，经指导老师审核通过后，确定一种可行方案进行实验。

2. 根据实验方案进行操作，包括材料的制备和力学性能(拉伸强度、断裂伸长率、冲击强度、硬度等)、热性能和耐光老化性能测试。

3. 撰写实验报告。实验报告内容包括实验目的、实验原理、主要设备及材料、实验工艺配方、实验工艺流程(以框架图形式表示，并在图下给出具体工艺参数)、结果与讨论(共混产物外观、改性前后性能比较)。

五、实验结果与讨论

1. 所用设备参数。

2. 将材料配方填入表18-1中。

表18-1　材料配方

配方	A组	B组
基料		
组分1		
组分2		
组分3		
组分4		
组分5		

3. 加工工艺参数。

4. 将测试数据填入表 18-2 中。

表 18-2　测试数据

性能	A 组	B 组
拉伸强度/MPa		
拉伸弹性模量/MPa		
断裂伸长率/%		
弯曲强度/MPa		
弯曲模量/MPa		
冲击强度/MPa		
邵氏 D 硬度/(°)		
微卡软化点/℃		
拉伸强度/MPa,老化 72 h		
断裂伸长率/%,老化 72 h		
弯曲强度/MPa,老化 72 h		
冲击强度/MPa,老化 72 h		

六、思考与探索

1. PP 的增韧改性方法有哪些?

2. 还有哪些塑料可以用作汽车保险杠材料?

参考文献

[1] 米永存,李淑杰,郭运华,等. 汽车保险杠专用料的研制[J]. 汽车工艺与材料,2004,(11):37-39.

[2] 窦强. 新型聚丙烯汽车保险杠专用料的研制[J]. 合成树脂及塑料,2004,21(1):28-31,45.

[3] 崔丽梅,邱桂学,潘炯玺,等. 聚丙烯汽车保险杠专用料的研制[J]. 工程塑料应用,2004,32(4):10-13.

(何志才、王相友)

实验19　车用PA6/PP合金材料的制备

一、实验目的

1. 了解制备聚合物合金材料的一般方法。
2. 了解PA6和PP的性能特点。
3. 掌握车用PA6/PP合金材料的制备方法。
4. 掌握车用合金材料的测试方法，以判断实验方案的优缺点。

二、实验原理

通过熔融混合工艺可以克服PA6和PP这两者的原有缺点，取其各自优点，得到性能优良的共混物。但由于聚酰胺是极性聚合物，PP是非极性聚合物，两者是不相容的，为使其合金化，关键在于合适的相容技术、选择好的相容剂。

PP/PA合金是近年来国内外重点研究和着力开发的工程塑料新品种之一，对于PP/PA的简单机械共混，由于PP和PA两相间的相容性差，界面作用很弱，界面清晰，相分离严重，是典型的不相容共混体。在PP/PA合金中加入聚丙烯接枝物的目的是提高PP与PA的相容性，其研究重点是增容机理，开发重点是增容技术。

早期的研究者认为，共混过程中聚丙烯接枝物迁移、分布到PP/PA两相界面上，减小了两相界面张力，即产生了一种强的物理相互作用，类似于液-液不相容体系的乳化机理，聚丙烯接枝物可视为一种高分子-高分子界面活性剂。后来的研究者发现，聚丙烯接枝物能与PA反应生成新的共聚物，正是该共聚物对PP和PA起实质性的增容作用，即通过相间的化学反应，类似于聚合物-玻璃纤维或矿物填料的偶联机制，聚丙烯接枝物可视为一种聚合物-聚合物化学偶联剂，或称反应性增容剂。现在的研究人员认为，上述两种机制都起作用，但偶联比乳化作用更大，两种机理都通过降低界面张力或界面能，促进PP与PA两相间分子扩散，增厚界面层，达到增强界面黏结、细化和稳定相分散形态的效果。

三、实验设备与材料

高速混合机、双辊开炼机、平板硫化机、试样压制模板、万能制样机、双螺杆挤出机、塑料注射机、万能材料试验机、电子式简支梁冲击试验机、显微熔点测试仪、示差扫描量热仪、洛氏硬度计、红外光谱仪、动态热机械分析仪。

聚丙烯（PP）、尼龙6（PA6）、过氧化二异丙苯、POE-g-MAH、PP-g-MAH、PP-g-MMA、PP-g-GMA、SEBS-g-MAH、纳米碳酸钙、抗氧剂、其他助剂。

四、实验内容与步骤

1. 学生查阅文献后，每组确定两种制备车用PA6/PP合金材料的具体方案，经指导老师审核通过后，确定一种可行方案进行实验。

2. 根据实验方案进行操作，包括材料的制备、力学性能测试（拉伸强度、断裂伸长率、冲击强度、硬度等）。

3. 撰写实验报告。实验报告内容包括实验目的、实验原理、主要设备及材料、实验工艺配方、实验工艺流程（以框架图形式表示，并在图下给出具体工艺参数）、结果与讨论（共混产物外观、改性前后性能比较）。

五、实验结果与讨论

1. 将合金材料配方填入表19-1中。

表19-1　合金材料配方

配方	A组	B组
PA6		
PP		
抗氧剂		
增容剂Ⅰ		
增容剂Ⅱ		
其他		

2. 将测试数据填入表19-2中。

表19-2　测试数据

力学性能	A组	B组
拉伸强度/MPa		
拉伸模量/MPa		
断裂伸长率/%		
弯曲强度/MPa		
弯曲模量/MPa		
冲击强度/MPa		
维卡软化点/℃		

六、思考与探索

1. 常用的聚合物合金材料有哪些？

2. 聚合物合金相容剂的种类有哪些？

参考文献

[1] 陈文宝，葛铁军，迟晓云，等. PP/PA6 合金增容母料的研究[J]. 当代化工，2007，36(3)：264-267.
[2] 王善勤. 塑料配方设计问答[M]. 北京：中国轻工业出版社，2003.

（何志才、王相友）

实验 20　聚乳酸包装容器专用料的制备

一、实验目的

1. 了解聚乳酸的特性。
2. 了解聚乳酸材料的制备方法及工艺。
3. 掌握聚乳酸材料的改性方法。
4. 掌握聚乳酸的测试分析方法并分析影响聚乳酸质量的因素。

二、实验原理

早在 20 世纪 70 年代，由于石油价格的上涨，人们对可生物降解聚合物的兴趣不断提高；今天，生态危机的警钟敲响，更加促进了可生物降解聚合物的研究与发展。可生物降解聚合物不但可以在自然环境下发生降解，而且具有可循环利用的价值，具备良好的环境友好性能。20 世纪 80 年代已经在市场上出现了可生物降解聚合物的模压制品、薄膜、片材等。对于可生物降解聚合物的定义，目前还没有统一的称呼，但是不管哪种定义，总是围绕可以在自然环境下被细菌、真菌、霉菌等微生物降解的主题，并且在降解过程中分泌出降解酶。

聚乳酸(PLA)具有良好的生物相容性、降解可吸收性以及可塑性，在开拓新型聚合物材料成为热点的今天，具有广阔的应用前景。聚乳酸除了具有普通塑料的特性外，还有良好的透明度、光泽度以及二次印刷性能。聚乳酸的抗菌性、阻燃性和抗紫外性也使其广泛应用于包装材料。聚乳酸的生产方式有直接缩聚法、二步法、反应挤出三种。随着环境污染的日益严重和石油资源的减少，聚乳酸材料成为了石油基塑料的理想替代品。聚乳酸包装材料的使用，不仅为我国的环保找到了一条出路，对我国建设循环经济及节约型社会也具有一定意义。

然而，在我国聚乳酸的研究起步较晚，聚乳酸产业还处于萌芽状态。相关统计资料表明：现阶段聚乳酸材料的研究有 64.2% 集中于医药领域，包装领域的应用研究只占了 3.8%。这种情况的出现主要是因为高分子聚乳酸材料的合成难度大、成本高。据研究资料，合成反应过程中的影响因素主要是催化剂的种类及用量、反应时间、反应温度。迄今为止，聚乳酸合成所用催化剂种类有很多，但辛酸亚锡仍是被广泛认可的安全选择，因为它在具有高效催化效果的同时完全符合绿色生产标准，是唯一被美国食品药物管理局(FDA)认证的对人体无毒无害的催化剂。

植物纤维增强生物降解复合材料具有可生物降解性能，又称为生态复合材料，具良好的环境友好性与可持续发展性，美国、意大利、日本、德国、芬兰、韩国等很多国家都在大力开展可生物降解塑料的相关研究。美国 Nature Work 公司于 2001 年实现了年产 14 万吨的聚乳酸塑料商业化生产，并用于塑料包装材料等领域(之前主要用于医疗行业)；日本的昭和高分子公司也一直在致力于脂肪族聚酯生物降解塑料(Bionolle 系列产品)的开发。其他如德国的 Basf 公司和 Bayer 公司等都在进行可生物降解塑料的开发和生产。因此，用植物纤维改性可生物降解的聚乳酸材料可以广泛地用于食品包装领域，可拓展聚乳酸的应用范围，具有重要的实际应用价值和理论意义。

三、实验设备与材料

高速混合机、双辊开炼机、平板硫化机、试样压制模板、万能制样机、双螺杆挤出机、塑料注射机、万能材料试验机、电子式简支梁冲击试验机、显微熔点测试仪、示差扫描量热仪、洛氏硬度计、红外光谱仪、动态热机械分析仪。

聚乳酸(PLA)、聚己内酯(PCL)、抗氧剂 1010、PE 蜡、玻璃纤维、植物纤维、聚酰胺系弹性体(PAE)、聚丁二酸丁二醇酯(PBS)等。

四、实验内容与步骤

1. 学生查阅文献后，每组确定两种制备聚乳酸的具体方案，经指导老师审核通过后，确定一种可行方案进行操作。

2. 根据实验方案进行操作，包括材料的制备、力学性能测试(拉伸强度、断裂伸长率、冲击强度、硬度等)、IR 分析、XRD 分析等。

3. 撰写实验报告。实验报告内容包括实验目的、实验原理、主要设备及材料、实验工艺配方、实验工艺流程(以框架图形式表示，并在图下给出具体工艺参数)、结果与讨论(产物外观、产物性能)。

五、实验结果与讨论

1. 所用设备的参数。

2. 将材料配方填入表 20-1 中。

表 20-1　材料配方

配方	A组	B组
基料		
组分 1		
组分 2		
组分 3		
组分 4		
组分 5		

3. 加工工艺参数。

4. 将测试数据填入表 20-2 中。

表 20-2　测试数据

性能	A组	B组
拉伸强度/MPa		
拉伸弹性模量/MPa		
断裂伸长率/%		
弯曲强度/MPa		
弯曲模量/MPa		
冲击强度/MPa		
邵氏 D 硬度/(°)		

六、思考与探索

1. 合成聚乳酸的原料主要有哪些？与化石原料相比它的主要优势在哪里？

2. 制备聚乳酸包装容器的主要方法有哪些？

参考文献

[1] 瞿丽曼，聚乳酸在国内外包装应用中的发展趋势[J]. 化工新型材料，2006，34(7)：5-7.

[2] 李志杰，李倩倩. 聚乳酸包装材料合成研究[J]. 中国印刷与包装研究，2010，2(2)：52-56.

（何志才、陈智勇）

实验 21　热塑性 PVB 弹性体的制备

一、实验目的

1.了解热塑性弹性体的特性及其加工方法。

2.掌握 PVB 弹性体共混改性的一般方法。

3.掌握热塑性 PVB 弹性体的性能测试方法,以判断实验方案的优缺点。

二、实验原理

热塑性弹性体(TPE),又称人造橡胶或合成橡胶,它的结构特点是由化学键组成不同的树脂段和橡胶段,树脂段凭借链间作用力形成物理交联点,橡胶段是高弹性链段。橡胶段的物理交联随温度的变化呈可逆变化,显示了热塑性弹性体的塑料加工特性。因此,用热塑性弹性体(TPE)制成的产品既具备传统交联硫化橡胶的高弹性、耐老化、耐油性等优异性能,同时又具备普通塑料加工方便、加工方式多样的特点,可采用注塑、挤出、吹塑等加工方式生产,边角粉碎后 100%可直接二次使用,既简化加工过程,又降低加工成本。热塑性弹性体(TPE)材料已成为取代传统橡胶的最新材料,其环保、无毒、手感舒适、外观精美,使产品更具创意。

按制备方法的不同,热塑性弹性体主要分为化学合成型热塑性弹性体和橡塑共混型热塑性弹性体两大类。前者是以聚合物的形态单独出现的,有主链共聚、接技共聚和离子聚合之分;后者主要是橡胶与树脂的共混物。

聚乙烯醇缩丁醛(PVB)的分子结构赋予其自身优异的透明性、黏结性、抗冲击性、良好的耐低温、耐光、耐热性及较高的拉伸强度,因此被广泛应用于安全玻璃夹层材料,从 20 世纪 70 年代起,PVB 层压玻璃的用量以两位数速度增长。此外,PVB 还广泛应用于瓷用薄膜花纸、真空镀招纸、胶黏剂、涂料等领域。

聚乙烯醇缩丁醛作为一种热塑性树脂,因具有优良的柔软性和挠曲性而可以通过共混改性方法制备出弹性体。尽管热塑性弹性体有上述的优点,但仍存在一些缺点:热塑性弹性体(TPE)的耐热性不如橡胶,随着温度上升而物性下降幅度较大,因而适用范围受到限制。同时,压缩变形、弹回性、耐久性等同橡胶相比较差,价格上也往往高于同类的橡胶。但总的说来,TPE 的优点仍十分突出,而缺点则在不断改进之中,作为一种节能环保的橡胶新型原料,发展前景十分看好。

三、实验设备与材料

高速混合机、双辊开炼机、平板硫化机、试样压制模板、万能制样机、万能材料试验机、磨耗仪、压缩测试仪、硫化仪、邵氏 A 型硬度计、红外光谱仪、动态热机械分析仪。

PVA、PVA回料、聚乙二醇200、聚乙二醇400、甘油、丙二醇、三甘醇缩二辛酸酯(3G8)、氯化石蜡、液体石蜡、蓖麻油(30#)、硬脂酸、氧化锌、邻苯二甲酸二辛酯(DOP)、碳酸钙。

四、实验内容与步骤

1.学生查阅文献后，每组确定两种改性PVB的具体方案，经指导老师审核通过后，确定一种可行方案进行实验。

2.根据实验方案进行操作，包括材料的制备和力学性能测试(拉伸强度、断裂伸长率、冲击强度、硬度等)。

3.撰写实验报告。实验报告内容包括实验目的、实验原理、主要设备及材料、实验工艺配方、实验工艺流程(以框架图形式表示，并在图下给出具体工艺参数)、结果与讨论(共混产物外观、改性前后性能比较)。

五、实验结果与讨论

1.所用设备的参数。

2.将选用的配方填入表21-1中。

表21-1 选用的配方

配方	A组	B组
基料		
添加剂Ⅰ		
添加剂Ⅱ		
添加剂Ⅲ		
添加剂Ⅳ		
其他		
其他		
其他		

3.加工工艺参数。

4.将测试数据填入表21-2中。

表21-2 测试数据

性能	A组	B组
拉伸强度/MPa		
拉伸弹性模量/MPa		
断裂伸长率/%		

续表

性能	A组	B组
硬度(邵 A)/(°)		
永久压缩变形率/%		
拉伸弹性回复率/%		

六、思考与探索

1. PVB 主要用于哪些行业？其最大的优点是什么？
2. 常见热塑性弹性体的种类有哪些？简述它们的性能特点。

参考文献

[1] 曹慧林，苑会林，王凤霞. 高黏度聚乙烯醇缩丁醛树脂及薄膜的制备[J]. 化工新型材料，2006，34(4)：51-53，56.
[2] 高晓明，张念泰. PVB 膜片：制造工艺、产品性能与应用前景[J]. 塑料加工，2001，30(1)：42-43.
[3] 白国强，李仲谨. PVB 树脂的合成及应用[J]. 包装工程，2004，25(4)：19，109.

（何志才、王相友）

实验 22　热塑性弹性体(TPE)鞋材专用料的制备

一、实验目的

1. 了解热塑性弹性体(TPE)的性能特点。
2. 了解制备 TPE 的一般方法。
3. 掌握制备 TPE 鞋材专用料的制备方法及工艺流程。
4. 掌握 TPE 鞋材专用料的测试方法，以判断实验方案的优缺点。

二、实验原理

热塑性弹性体(TPE)是一种兼具热塑性塑料和橡胶特性的材料，即热塑性弹性体是在常温下显示橡胶弹性，高温下又能像塑料一样塑化成型的高分子材料。因此，就加工而言，它是一种塑料，可像热塑性塑料那样快速、有效、经济地加工成制品；就性质而言，它又是一种橡胶，具有类似于橡胶的力学性能及使用性能。因此，热塑性弹性体在塑料和橡胶之间架起了一座桥梁，且有许多优于塑料和橡胶的特点。

目前，热塑性弹性体一般按其结构进行分类，主要有以下品种：

1. 苯乙烯类热塑性弹性体(TPS)，包括 SBS、SIS、SEBS、SEPS 等，为丁二烯或异戊二烯与苯乙烯嵌段型共聚物，其性能最接近 SBR 橡胶。

2. 聚烯烃热塑性弹性体系以 PP 为硬链段和 EPDM 为软链段的共混物，包括 TPO 与 TPV。其中，TPV(动态硫化热塑性弹性体)是 TPO 的延伸，主要是对 TPO 中的 PP 与 EPDM 混合物在熔融共混时，加入能使其硫化的交联剂，使橡胶相交联。

3. 聚氨酯热塑性弹性体(TPU)，是一种$(AB)_n$型嵌段线性聚合物，为聚氨酯材料的一种。

4. 热塑性聚酯弹性体(TPEE)，是 PET 与聚醚的共聚物。

5. 氯乙烯类热塑性弹性体，包括聚氯乙烯类弹性体(TPVC)和氯化聚乙烯类弹性体(TCPE)。

6. 其他热塑性弹性体。

除以上几大类外，热塑性弹性体还有熔融加工型热塑性弹性体(MFR)、热塑性聚酰胺弹性体(TPAE/TPA)和热塑性氟橡胶(FTPV)。ABS、TPU、TPEE、TPA 等为采用共聚生产的嵌段共聚物型产品，而 TPO、TPV、TPVC、TCPE 等多为采用塑料与橡胶共混制备的共混型产品。

苯乙烯类热塑性弹性体(TPS)是用量最大的 TPE 材料，用于鞋材的主要是以 SBS 为基材的 TPE 材料，主要有以下特性：

1. 橡胶的回弹性和良好的耐磨性，优良的防滑性和减震性能，TPE 材料柔软舒适性要优于橡胶，但材料拉伸强度、抗疲劳性以及机械性能不如硫化橡胶。

2. 使用温度范围为−45～90 ℃。通常说的 TPE 材料是基于 SBS 基材的，其化学性能如下：耐候性、耐老化性一般，耐温 70～75 ℃。如需要耐老化性、耐温性好的材料，可选取 SEBS 基材的改性材料。

3. 硬度特性：TPE 材料可在邵氏硬度 5～100 度调整其硬度，以 SEBS 为基材的改性材料可调整至更低的硬度。

4. 加工特性：TPE 材料与某些胶水、油墨等有良好的黏结性能，具有良好的喷油丝印加工性。

5. 环保特性：TPE 材料作为环保软胶，无主要危害物质，如塑化剂邻苯二甲酸酯类 Phthalate、壬基苯酚 NP 和多环芳烃族 PAHs，符合 ROHS、REACH、EN71-3、ASTMF963 环保检测标准。

由于上述这些特性，由 TPE 作为鞋材专用料制成的鞋底具有防滑、耐低温、弯曲性强、透气性好、质轻等优点，且废料可利用。

三、实验设备与材料

高速混合机、双辊开炼机、平板硫化机、试样压制模板、万能制样机、万能材料试验机、磨耗仪、示差扫描量热仪、邵氏 A 型硬度计、红外光谱仪、动态热机械分析仪。

SBS、PP 粉料、PS、EVA 树脂、顺丁橡胶、硬脂酸锌、抗氧剂 264、氧化锌、环烷油、液体石蜡、超细白炭黑、超细碳酸钙、其他助剂等。

四、实验内容与步骤

1. 学生查阅文献后，每组确定两种改性 TPE 的具体方案，经指导老师审核通过后，确定一种可行方案进行实验。

2. 根据实验方案进行操作，包括材料的制备和力学性能测试(拉伸强度、断裂伸长率、拉伸模量、硬度等、磨耗量等)。

3. 撰写实验报告。实验报告内容包括实验目的、实验原理、主要设备及材料、实验工艺配方、实验工艺流程(以框架图形式表示，并在图下给出具体工艺参数)、结果与讨论(共混产物外观、改性前后性能比较)。

五、实验结果与讨论

1. 所用设备的参数。

2. 将选用的配方填入表 22-1 中。

表 22-1　选用的配方

配方	A 组	B 组
基料		
添加剂Ⅰ		
添加剂Ⅱ		
添加剂Ⅲ		
添加剂Ⅳ		
其他		

3. 加工工艺参数。

4. 将测试数据填入表 22-2 中。

表 22-2　测试数据

性能	A 组	B 组
拉伸强度/MPa		
拉伸弹性模量/MPa		
断裂伸长率/%		
硬度(邵 A)/(°)		
永久压缩变形率/%		
拉伸弹性回复率/%		
磨耗量/[mg·$(1000r)^{-1}$]		

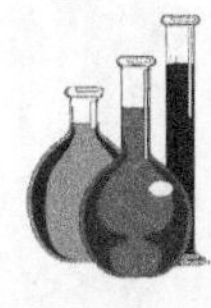

六、思考与探索

1.热塑性弹性体相比于普通的橡胶产品有哪些优点?

2.如何提高苯乙烯类热塑性弹性体的耐磨性?

参考文献

[1] 陈庆华,钱庆荣,肖荔人.BR/PVC/SBS 热塑性弹性体鞋用材料的研究[J].中国塑料,2001,15(2):39-41.

[2] 吴国梁.热塑性弹性体 SBS 的改性及其应用研究[D].长沙:湖南大学,2010.

(何志才、王相友)

实验 23 水溶性支撑材料的制备

一、实验目的

1.了解 3D 打印的基本原理及水溶性支撑材料的作用。

2.掌握 PVA 改性的一般方法。

3.掌握测定 PVA 共混材料的力学性能、水溶性、吸湿性和耐热性能的方法,判断实验方案的优缺点。

二、实验原理

3D 打印属于快速成型制造技术,以数字模型文件为基础,运用工程塑料或金属粉末等可黏合特性,利用逐层打印的方式来构造物体。该技术能够简化产品制造程序,缩短产品研制周期,提高效率并降低成本,可广泛应用于医疗、国防、航天、汽车及金属制造等产业,被认为是近 20 年来制造领域的一项重大技术成果。

根据打印技术原理以及所适用材料的不同,3D 打印技术可分为激光熔覆成型技术(LCF)、熔融沉积快速成型技术(FDM)、选择性激光烧结技术(SLS)、立体光固化技术(SLA)和三维印刷成型(3DP)等。3D 打印材料是 3D 打印的物质基础,也是限制 3D 打印技术进一步发展的瓶颈。常用的 3D 打印材料可分为金属材料、高分子材料和无机非金属材料三大类,其中用量最大、应用范围最广、成型方式最多的材料为高分子材料,其主要包括高分子丝材、光敏树脂及高分子粉末材料三种。

熔融沉积快速成型技术(FDM)近年来发展迅速,它容易操作、成本低廉、无毒无味,适合办公环境使用,这是基于离散-堆积成型原理和分层制造的思想来构建三维实体,这种工艺方法决定了它在生产悬臂件过程中需要添加支撑材料才能保证产品的精度和品质，打印结束之后需要去除添加的支撑材料，使产品达到要求。在造型完成之后需对三维实体进行后处理，去除实体的支撑部分，对实体表面进行处理，使成型零件的精度、表面粗糙度等达到要求。由于水溶性树脂材料具有良好的水溶性，易于剥离，可最大限度地保护成型零件微小特征，提高成型零件的表面质量等优点，使其在3D打印材料中得到广泛应用。因此，开发和研究FDM水溶性支撑材料对扩大FDM的应用范围和提升FDM的竞争力具有重要意义。

FDM水溶性支撑材料的性能要求：

1. 力学性能。3D打印材料要求具有一定的弯曲强度、压缩强度和拉伸强度，这样在驱动摩擦轮的牵引和驱动力作用下才不会发生断丝现象。

2. 熔体黏度。水溶性支撑材料在不同温度下的熔体黏度和剪切速率对加工过程有很大影响。在FDM工艺中，支撑材料通过剪切与弹性流动的结合从喷头中挤出，熔体的黏弹性强烈影响着材料是否能从喷头中挤出。

3. 收缩率。支撑材料收缩率大会使支撑产生翘曲变形而起不到支撑作用。所以，支撑材料的收缩率越小越好。

4. 化学稳定性。由于FDM工艺过程中丝料要经受"固态→液态→固态"的转变，故要求支撑材料在相变过程中有良好的化学稳定性。

5. 热稳定性。支撑材料要长时间处于80 ℃左右的工作环境中，所以要求材料应有较高的玻璃化转变温度(T_g)，并且在80 ℃左右的温度下还应保持一定的力学强度。

6. 对于可剥离性支撑材料，应具有一定的脆性，并且与成型材料之间形成较弱的黏结力，而对于水溶性支撑材料，要保证良好的水溶性，应能在一定时间内溶于水或酸碱性水溶液。

目前，可用于FDM工艺的水溶性支撑材料主要有两大类：一类是聚乙烯醇(PVA)水溶性支撑材料，另一类是丙烯酸(AA)类共聚物水溶性支撑材料。PVA是一种应用广泛的合成水溶性高分子材料，其分子链上含有大量羟基，具有良好的水溶性和黏结性能，同时，PVA本身的力学性能也比较优良，因此，本实验选用PVA作为水溶性支撑材料的基体材料。但PVA分子链上大量的羟基使其分子间和分子内形成氢键，易于结晶，使其熔融温度高于其分解温度，直接熔融加工困难，这就要求对所选用的PVA材料进行改性，只有降低PVA熔融温度、提高热稳定性才能进行挤出和3D打印成型。

三、实验设备与材料

高速混合机、双辊开炼机、平板硫化机、试样压制模板、万能制样机、双螺杆挤出机、塑料注射机、万能材料试验机、电子式简支梁冲击试验机、显微熔点测试仪、示差扫描量热仪、洛氏硬度计、鼓风式烘箱。

ABS、PVA、POE-MAH、ABS-MAH、SMA、PEG-200、甘油、氯化镁、氯化锂、己内酰胺、抗氧剂等。

四、实验内容与步骤

1. 学生查阅文献后，每组确定两种改性PVA的实验方案，经指导老师审核通过后，

确定一种可行方案进行实验。

2. 根据实验方案进行操作，包括材料的制备和力学性能测试(拉伸强度、断裂伸长率、冲击强度、硬度、水溶性、吸水率等)。

3. 撰写实验报告。实验报告内容包括实验目的、实验原理、主要设备及材料、实验工艺配方、实验工艺流程(以框架图形式表示，并在图下给出具体工艺参数)、结果与讨论(共混产物外观、改性前后性能分析)。

五、实验结果与讨论

1. 所用设备的参数。

2. 将材料配方填入表 23-1 中。

表 23-1　材料配方

配方	A 组	B 组
基料		
组分 1		
组分 2		
组分 3		
组分 4		
组分 5		

3. 加工工艺参数。

4. 将测试数据填入表 23-2 中。

表 23-2　测试数据

性能	A 组	B 组
拉伸强度/MPa		
拉伸弹性模量/MPa		
断裂伸长率/%		
冲击强度/MPa		
邵氏 D 硬度/(°)		
吸水率/%，24 h		
溶解时间/min，23 ℃		
溶解时间/min，60 ℃		

六、思考与探索

1. 详细阐述水溶性支撑材料的主要作用。
2. 试阐述水溶性支撑材料和碱溶、酸溶支撑材料的各自特点，以及主要优势。

参考文献

[1] 张纪成.聚乙烯醇的熔融加工性能研究[D].合肥：合肥工业大学，2013.
[2] 刘斌，赵春振，王保民.熔融沉积成型水溶性支撑材料的研究与应用[J].工程塑料应用，2008，36(10)：86-89.

（何志才、陈智勇）

实验 24　透明 PP 塑料杯专用料的制备

一、实验目的

1. 了解 PP 共混改性的一般方法。
2. 了解 PP 挤出工艺过程。
3. 掌握透明 PP 塑料杯专用料的制备方法以及测试方法。

二、实验原理

聚丙烯(PP)通常为半透明无色固体，无臭无毒，由于结构规整而高度结晶化，故熔点可高达 167 ℃。PP 耐热、耐腐蚀，其制品可用蒸汽消毒是其突出优点。PP 密度小，是最轻的通用塑料。PP 的缺点是耐低温冲击性差，较易老化，但可分别通过改性予以克服。

高透明聚丙烯(PP)产品的高透明性能和优良光泽度，可媲美传统透明材料，如 PET、PVC 和 PS 等。由于聚丙烯具有质轻、价廉、耐高温、强度高和易加工的特点，在热成型片材包装领域和医用材料中可以取代 PVC、ABS 和 HIPS 等树脂，并且由于高透明聚丙烯有较高的热变形温度，高于 PET、PVC 和 PS 等树脂，因此在热包装材料中还可以取代 PET、PVC 和 PS 等树脂；同时，高透明聚丙烯具有抗冲击性能的优越性，在唱片和电子产品的包装盒等领域可以取代 PS。近几年来，高透明聚丙烯在全球得到了迅速发展，已被广泛应用于对透明度要求较高的医用器械、高透明包装和家庭用品等领域。目前，随着人们对高透明制品的要求越来越高，高透明及超高透明聚丙烯产品得到了快速的发展。

高透明 PP 是近年来 PP 新产品开发的一个热点，主要通过在 PP 中添加透明成核剂制得。透明成核剂的加入使 PP 球晶的晶粒细化，光散射减少，因此透明性得到改善。目前，国内的 PP 透明料主要用于注塑产品，如一次性注射器等医用透明聚丙烯、冰箱透明

部件、日用品、薄壁容器等。用作吹塑瓶的PP透明专用料很少，现有的一些瓶用透明PP料也因熔体强度低、加工条件苛刻而不适于吹瓶。可通过基础树脂、成核剂品种和用量、各种添加剂用量等来研究影响PP透明性的因素，研制出透明PP塑料杯专用料，使其透明，加工性能良好，可用挤吹和注拉吹工艺制瓶。

三、实验设备与材料

高速混合机、双辊开炼机、平板硫化机、试样压制模板、万能制样机、双螺杆挤出机、塑料注射机、万能材料试验机、电子式简支梁冲击试验机、显微熔点测试仪、示差扫描量热仪、洛氏硬度计、红外光谱仪、动态热机械分析仪。

均聚聚丙烯(PPH)、透明成核剂(美利肯3988)、抗氧剂1010、POE接枝聚合物、纳米二氧化硅(nano-SiO_2)、有机磷酸盐类成核剂(NA11)、对叔丁基苯甲酸羧基铝(Al-PTBBA)。

四、实验内容与步骤

1. 学生查阅文献后，每组确定两种改性PP的具体方案，经指导老师审核通过后，确定一种可行方案进行实验。

2. 根据实验方案进行操作，包括材料的制备和力学性能测试(拉伸强度、断裂伸长率、冲击强度、硬度等)。

3. 撰写实验报告。实验报告内容包括实验目的、实验原理、主要设备及材料、实验工艺配方、实验工艺流程(以框架图形式表示，并在图下给出具体工艺参数)、结果与讨论(共混产物外观、改性前后性能比较)。

五、实验结果与讨论

1. 所用设备参数。

2. 将材料配方填入表24-1中。

表24-1　材料配方

配方	A组	B组
基料		
成核剂A		
成核剂B		
增韧剂		
抗氧剂		
其他		

3. 加工工艺参数。

4. 将测试数据填入表24-2中。

表 24-2 测试数据

性能	A组	B组
拉伸强度/MPa		
拉伸弹性模量/MPa		
断裂伸长率/%		
弯曲强度/MPa		
弯曲模量/MPa		
冲击强度/MPa		
维卡软化点/℃		
透明度/%		
雾度/%		

六、思考与探索

1. 成核剂的加入为何能提高 PP 透明度？
2. 制备透明 PP 塑料杯用什么成型方法？

参考文献

[1] 张宜鹏，廖明义，李建丰，等. 瓶用透明 PP 专用料的研制[J]. 中国塑料，2004，18(12)：51-54.
[2] 胡声威，周澜，王立新，等. 小型非碳酸饮料瓶用 PP 料的研究[J]. 石化技术，2001，8(1)：25-28.
[3] 赵均，杨军忠，代振宇，等. 冰箱用透明聚丙烯专用料的研制[J]. 中国塑料，2001，15(1)：31-34.

（何志才、陈智勇）

实验 25 TiO_2 光电催化分解水研究

一、实验目的

1. 了解半导体能带理论。
2. 了解半导体电化学、光电化学相关知识。
3. 掌握 TiO_2 分解水的原理。

二、实验原理

水分解反应是一个上坡反应，反应所需的最小吉布斯自由能为 237 kJ/mol。如图

25-1 所示，在一个完整的光电催化分解水反应中主要涉及三个物理化学过程。第一步是半导体吸光，实验室通常采用人工光源来模拟太阳光（功率密度 100 mW/cm^2）。n 型半导体一般作为光阳极，p 型半导体作为光阴极。当半导体吸收能量大于等于其带隙能量（E_g）的光子时，产生一对光生载流子：电子和空穴。要想实现水的裂解，半导体材料的能带结构需满足一定条件，即 H_2O/O_2 的氧化还原电位（1.23 V vs. 标准氢电极，pH＝0）和 H^+/H_2的氧化还原电位（0 V vs. 标准氢电极，pH＝0）必须在半导体带隙中间位置。但是，光生空穴穿越空间电荷区到达半导体表面以及光生电子通过外部电路传输到对电极（如铂电极）上均存在能量损失，因此水分解反应均需额外的过电位。第二步是光生载流子的分离和输运。以 n 型块状半导体为例，在空间电场的作用下，光生电子和空穴向两个相反的方向移动，空穴迁移至半导体表面，而电子则流向导电基底侧，最后到达对电极处。如果光阴极采用的是 TiO_2 纳米晶等多孔半导体材料，不同于块状半导体材料，纳米半导体材料的自建场很小，很难形成空间电荷区，其表面能带弯曲可以忽略，因此光生电子的传输主要依靠扩散。在这些步骤中，光生载流子均可以在体内或表面重新复合，因此有效的分离和高的迁移率是获得高效光催化材料的一个重要因素。水分解的最后一步是分离的光生载流子在半导体表面和对电极处分别发生氧化和还原反应。但是，O_2 析出反应动力学很慢，往往限制了水分解反应的速率。因此，采用一些氧析出助催化剂来修饰半导体光阳极可以获得不错的光电催化效果。

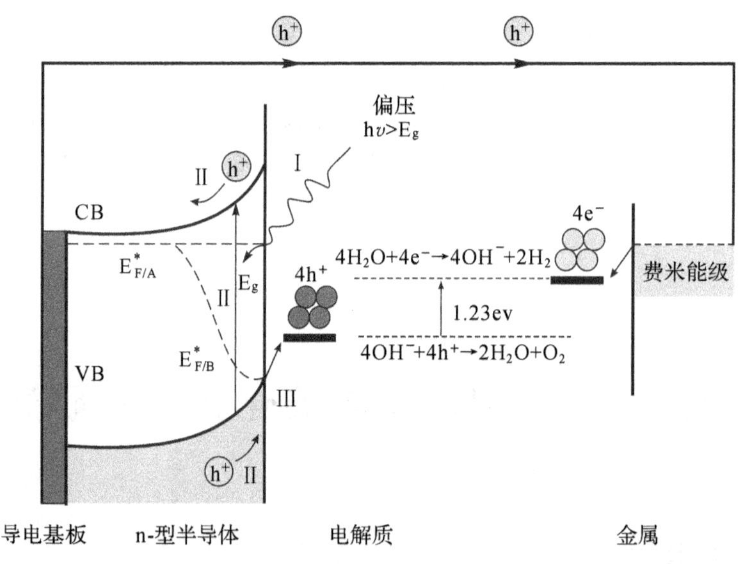

图 25-1　n 型半导体光电催化分解水示意图

VB：价带；CB：导带

三、实验设备与材料

上海辰华电化学工作站（CHI660E）、模拟太阳能光源、光电化学反应池、铂电极、Ag/AgCl参比电极、FTO 导电玻璃（Tec 15，2.2 mm 厚，12～14 Ω/sq）、马弗炉。

TiO_2 凝胶、Milli-Q 超纯水、乙醇、丙酮、0.5 mol/L $NaClO_4$溶液。

四、实验内容与步骤

1. 清洗 FTO 玻璃：首先，用 Milli-Q 超纯水、乙醇和丙酮反复清洗 FTO 玻璃，清洗完成后用氮气吹干。

2. TiO_2 膜的制备：通过刮涂法将 TiO_2 凝胶均匀涂覆在 FTO 导电玻璃上，膜的厚度可以通过 3 M 思高胶带来控制。在室温下待膜自然晾干，然后在 500 ℃的空气中煅烧 3 h。之后，利用玻璃刀将该 FTO 基板切割成 1 cm×2.5 cm 的小块，然后采用环氧树脂密封该电极使暴露出的 TiO_2 电极面积为 1 cm × 1 cm。

3. 光电化学性能测试：采用上海辰华电化学工作站（CHI660E）和太阳能模拟器测试 TiO_2 薄膜电极在暗态和光照下的开路电位，采用 TiO_2 薄膜电极作为工作电极，Ag/AgCl 电极作为参比电极，Pt 片电极为对电极。支持电解质为 0.5 mol/L $NaClO_4$ 溶液，使用 NaOH 或 $HClO_4$ 调节电解质 pH 至 3.0。

五、实验结果与讨论

1. TiO_2 膜的厚度与光电流之间有什么关系？
2. 扫描速度对光电流有哪些影响？
3. 随着电位往正方向增加，TiO_2 膜电极的光电流先增后趋向稳定，原因是什么？

六、思考与探索

1. TiO_2 膜的厚度为何会影响光电流？
2. 光直接照向玻璃（SE）和光照向导电玻璃膜上（EE）的区别是什么？
3. 如何提高 TiO_2 膜电极的光电化学性能？

参考文献

[1] Jiang C, Moniz S, Wang A, et al. Photoelectrochemical devices for solar water splitting-materials and challenges [J]. Chemical Society Reviews, 2017, 46(15): 4645-4660.

[2] 冷文华. 结合光电化学和瞬态吸收光谱技术研究光电化学分解水载流子动力学[J]. 电化学, 2014, 20(4): 316-322.

[3] Soedergren S, Hagfeldt A, Olsson J, et al. Theoretical models for the action spectrum and the current-voltage characteristics of microporous semiconductor films in photoelectrochemical cells [J]. The Journal of Physical Chemistry, 1994, 98(21): 5552-5556.

（熊贤强）

实验 26　体相掺杂型二氧化钛纳米管光催化材料的制备及其性能测试

一、实验目的

1. 了解体相掺杂型二氧化钛纳米管光催化材料的制备方法。
2. 了解非金属和金属共掺杂提高二氧化钛光催化材料的可见光光催化性能的机理。

二、实验原理

光催化的理论基础是半导体能带理论，半导体能带由价带、导带和禁带组成。当用能量等于或大于禁带宽度的光照射时，半导体价带上的电子可被激发而跃迁到导带，同时在价带产生空穴，在半导体内部产生电子-空穴对。所产生的电子空穴具有不同的命运：一是电子和空穴在半导体表面或体相复合并湮灭；二是扩散至表面与吸附物发生还原反应或氧化反应。在光催化材料的设计上，需要尽可能地减少光生电子-空穴对的复合，使更多的电子-空穴迁移到材料表面发生反应生成活性氧基团，从而提高光催化效率。

二氧化钛是一种 n 型半导体，其禁带宽度较大，光生空穴(电子)具有很强的氧化性(还原性)，加上其化学性质稳定、对生物无毒、低成本等优点，使其成为最被重视的光催化材料。然而，锐钛矿型二氧化钛半导体光催化材料的广泛应用仍然受限于材料本身光催化效率不高和无可见光响应两个瓶颈。一方面其光生电子-空穴对的分离效率不高；另一方面其禁带宽度过大(约为 3.2 eV)，对应的光吸收阈值为 387 nm，即无可见光响应。太阳能的有效吸收是光催化材料发挥功效的前提条件，辐射到地球表面的太阳光中具有高能量的紫外线的含量仅为 5%左右，可见光的含量则高达 45%，为了提高二氧化钛对太阳光的利用率，必须提高其在可见光范围内的光吸收能力。

掺杂是提高二氧化钛光催化材料的可见光响应能力和光催化效率的重要手段之一。前期科研工作者主要围绕过渡金属掺杂开展了大量的工作。从化学的角度来说，金属离子是电子的有效受体，可捕获导带中的电子，降低二氧化钛表面光生电子和空穴的复合概率，从而提高光催化活性。此外，适当的金属离子掺杂还可以在二氧化钛的带隙中引入局域化能级，使吸收光谱红移，拓宽光谱响应范围。然而，大量研究表明金属离子掺杂虽然可以提高二氧化钛的可见光吸收能力，但是金属掺杂剂很容易成为电子和空穴的复合中心，只有少数金属掺杂能有效引入可见光催化活性或者提高紫外光催化活性。因此，二氧化钛光催化剂的金属离子掺杂改性没有取得大的突破。

自 2001 年 Asahi 发现氮掺杂二氧化钛具有可见光催化活性以来，非金属掺杂成为了二氧化钛光催化剂掺杂改性的主流方法。到目前为止，几乎所有的非金属掺杂(N、C、B、S、F、I、P)均被用来改变二氧化钛的电子结构以期实现可见光光催化活性。在所有非金属掺杂剂中，氮掺杂得到了最为广泛的研究，然而科研工作者发现随着氮掺杂浓度的增加，二氧化钛在紫外光和可见光下的量子产率均降低，并认为掺杂氮的 N 2p 态会成为电子和空穴的复合中心，导致光催化性能降低，这在很大程度上制约了氮掺杂在二氧化钛光催化剂改性上的实际应用。

由于单独的非金属掺杂和金属掺杂都存在各自的不足，非金属/金属元素（尤其是过渡族金属元素）共掺杂成为了二氧化钛光催化剂掺杂改性研究的重要方向。围绕非金属/金属元素共掺杂二氧化钛的实验研究在不同的体系展开，并取得了较大的进展。总体来说，关于高价过渡金属离子与氮或碳共掺杂的研究最多，研究结果表明非金属/金属掺杂可以更大程度地提高二氧化钛的可见光吸收能力，也可以显著提高其可见光光催化性能。与实验研究相对应，基于密度泛函理论的第一性原理计算也被广泛地用来研究元素掺杂对二氧化钛能带结构的影响。研究结果表明，过渡金属元素和非金属元素共掺杂可以比单元素掺杂更显著地减小二氧化钛的禁带宽度，这有利于提高其可见光吸收性能。此外，单元素掺杂会在二氧化钛中形成复合中心，阻碍光生载流子向表面的迁移，不利于电子和空穴的有效分离。当同时实现 p 型（N^{3-}、C^{4-} 等非金属离子）掺杂和 n 型（W^{6+}、Mo^{6+}、Nb^{5+} 等高价金属离子）掺杂时，掺杂阴离子和掺杂阳离子之间会发生电荷补偿，导致其缺陷带钝化，不能作为光生载流子的复合中心，从而使光生电子和空穴得到更好分离。

本次实验以 W/N 共掺杂二氧化钛纳米管材料为例，研究非金属/金属共掺杂对提高二氧化钛光催化材料可见光光催化性能的作用机理。

三、实验设备与材料

非自耗真空电弧炉、管式热处理炉、直流电源、铂片电极、X 射线衍射仪、扫描电子显微镜、紫外-可见分光光度计、电化学工作站、铂丝电极、Ag/AgCl 参比电极、300W 氙灯光源、滤光片、辐照计。

海绵钛、钨粉、氯化钠、乙二醇、氟化铵、高纯氨气、0.2 mol/L 硫酸钠溶液、亚甲基蓝。

四、实验内容与步骤

1. 合金化：将海绵钛和钨粉按照原子比为 95∶5 混合均匀，放入非自耗真空电弧炉内在 3500 ℃下反复熔炼三次以上，使其混合均匀，得到 Ti-5W 合金。将 Ti-5W 合金锭在管式热处理炉中进行均匀化退火，升温速率为 5 ℃/min，退火温度为 1200 ℃，保温时间为 5 h，然后在质量分数为 15%的 NaCl 水溶液中直接淬火至室温，得到单相 Ti-5W 合金。

2. 阳极氧化：将单相 Ti-5W 合金放在含氟电解液中，采用电化学阳极氧化方法进行氧化处理，其中含氟电解液是将质量分数为 0.5%的氟化铵溶解于乙二醇和水的混合溶剂中配制而成，混合溶剂中水的体积分数为 3%。在工作电压为 60 V、氧化时间为 3 h 的条件下，在 Ti-5W 合金表面氧化生长无定形 W 掺杂 TiO_2 纳米管阵列薄膜。

3. 晶化：将得到的无定形 W 掺杂 TiO_2 纳米管阵列薄膜在管式热处理炉中进行氨气氛热处理，通气速率为 80 mL/min，升温速率为 2 ℃/min，晶化温度为 550 ℃，保温时间为 3 h，冷却方式为随炉冷，得到晶化良好的 W/N 共掺杂二氧化钛纳米管光催化材料。

4. 对照组样品制备：以相同的阳极氧化工艺在纯钛片表面生长纯 TiO_2 纳米管阵列薄膜，并分别在空气和氨气氛下热处理，得到纯 TiO_2 和 N 掺杂 TiO_2 纳米管光催化材料；将阳极氧化制得的无定形 W 掺杂 TiO_2 纳米管阵列薄膜在空气中晶化处理，得到 W 掺杂 TiO_2 纳米管光催化材料。

5. 用 X 射线衍射仪分析四种样品（TiO_2、N 掺杂 TiO_2、W 掺杂 TiO_2、W/N 共掺杂 TiO_2 纳米管光催化材料，下同）的物相。

6. 用扫描电子显微镜对四种样品进行形貌观察，并利用能谱仪对材料微区元素分布进行分析。

7. 用紫外-可见分光光度计测定四种样品的紫外-可见吸收光谱，并经 Tauc 公式转换得出四种样品的禁带宽度 E_g 的值。

8. 用电化学工作站测试四种样品在可见光照射下的光电流密度曲线。测试采用三电极体系，对电极为铂丝电极，参比电极为 Ag/AgCl 电极，所用电解液为 0.2 mol/L Na_2SO_4 溶液。

9. 测试四种样品在可见光照射下对有机染料亚甲基蓝（MB）的降解效果。实验所用可见光光源为 300 W 氙灯光源，叠加两个滤光片得到波长介于 400～700 nm 的光，光强约为 50 mW/cm^2。

五、实验结果与讨论

1. 对 TiO_2 进行掺杂改性后，其晶体结构会发生怎样的改变？
2. 单一掺杂或共掺杂后 TiO_2 半导体的禁带宽度分别发生什么变化，原因是什么？
3. 掺杂改性对 TiO_2 的可见光光催化性能有何影响？

六、思考与探索

为什么要采用合金化＋阳极氧化的方法制备体相掺杂型 TiO_2 纳米管光催化材料？

参考文献

[1] 刘守新. 光催化及光电催化基础与应用[M]. 北京：化学工业出版社，2006.

[2] Gai Y, Li J, Li S, et al. Design of narrow-gap TiO_2: a passivated codoping approach for enhanced photoelectrochemical activity[J]. Physical Review Letters, 2009, 102(3): 036402.

[3] Xu Z, Yang W, Li Q, et al. Passivated n-p co-doping of niobium and nitrogen into self-organized TiO_2 nanotube arrays for enhanced visible light photocatalytic performance[J]. Applied Catalysis B: Environmental, 2014, 144(2): 343-352.

（冯凡）

实验 27　3D 打印制备太赫兹光子晶体

一、实验目的

1. 了解无模直写 3D 打印的原理及浆料配制方法。
2. 了解太赫兹光子晶体的制备方法。
3. 了解太赫兹光子晶体的光学性质及影响因素。

二、实验原理

1987 年，由 S. John 和 E. Yablonovitch 分别独立提出光子晶体(photonic crystal)的概念。光子晶体是由不同折射率的介质周期性排列而成的人工微结构。与半导体晶格对电子波函数的调制相类似，光子晶体具有带隙，能够调制相应波长的电磁波，原则上，人们可以通过设计和制造光子晶体及其器件，达到控制光子运动的目的。影响光子晶体带隙的主要因素有光子晶体的结构参数和介质材料的介电性质。光子晶体的工作波长与其周期尺寸相关。能对太赫兹(0.1 THz～10 THz，1 THz$=10^{12}$ Hz)波响应的光子晶体称为太赫兹光子晶体。太赫兹光子晶体的介质单元周期尺寸为数微米至数百微米量级。传统制备太赫兹光子晶体的方法有激光直写、立体印刷、微粒组装等，但这些方法工艺复杂、耗时太长、成本较高，而且对材料选择要求较苛刻。无模直写成型是一种以浆料挤出方式成型的 3D 打印技术，适用于各种陶瓷、金属和高分子材料的三维成型。利用该技术可以制备特征尺寸在数微米至数毫米范围内结构复杂的三维器件，能够很好地满足太赫兹光子晶体的精度要求。

图 27-1 为无模直写 3D 打印的典型实验装置示意图。该装置主要由计算机控制系统、三维运动平台系统和浆料输出系统等 3 部分组成。通过计算机辅助设计(CAD)得到所需要的三维结构模型，将三维结构层层切片，并将每一层均转化为路径代码，再通过控制器将路径指令传递给三维移动平台，则安装在 Z 轴上的浆料供给装置随着 X-Y 平台的运动在基底上按照设计的图案精确地挤出第一层浆料。在完成第一层成型后，Z 轴马达带动料筒向上精确地移动到第二层高度，第二层的成型过程将在第一层浆料形成的结构上进行。通过这样层层叠加的方式，完成整个三维结构的精确成型。计算机控制系统作为主要的输入设备可以设计不同形状和尺寸的复杂三维结构，是整个成型过程的基础。三维移动平台系统主要由移动平台和控制器两部分组成。控制器起着连接计算机和三维移动平台的作用，将计算机发出的路径指令传递给三维移动平台。移动平台在三维方向上的自由运动带动料筒同步运动。浆料输出系统则由气泵、气压调节阀和带针头的料筒组成。气泵主要提供压力，浆料存储在料筒中，压力推动料筒中的活塞将浆料从针头挤出，通过气压调节阀可控制输入气压的大小。选择不同尺寸的针头、调整挤出压力和平台

移动速度，则浆料挤出后形成的线条直径不同，得到三维结构的精细程度也不一样。

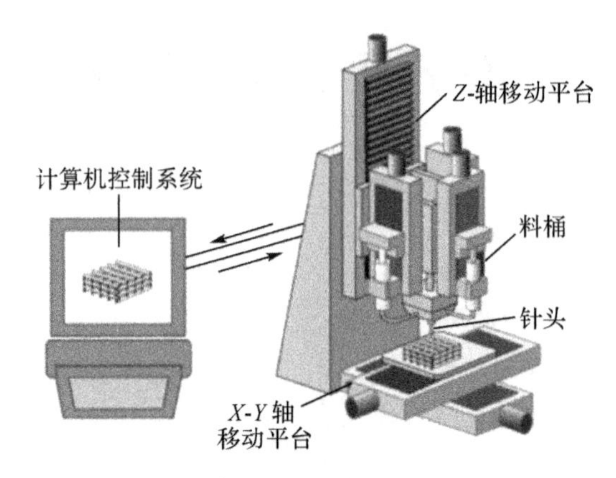

图 27-1　无模直写 3D 打印装置示意图

浆料的配制方法通常是在粉末材料中加入黏结剂和溶剂，将其配制成具有一定流动性的半固态浆料。浆料本身的性质直接影响成品的质量，特别是制备具有一定跨度的三维结构时，很容易发生坍塌变形。Smay 等人提出，构造具有跨度的三维结构的浆料所要满足的两个标准：首先，浆料必须具有很好的黏弹性响应，意味着浆料能够在剪切应力的作用下从针头流出，然后立即固化以保持预定的形状，即使在横跨较大时，浆料自身的强度也能够保证结构不发生变形；其次，浆料必须具有高的固体体积含量，以尽可能地降低由于干燥引起的收缩。通过合理调控浆料的流变学性质，可以制备各种复杂精细的结构。

三、实验设备与材料

电子分析天平、烧杯、机械搅拌器、3D 打印机、恒温干燥箱、扫描电子显微镜(SEM)、太赫兹时域光谱仪(THz-TDS)

钛酸锶钡粉体(BST，粒径 1～5 μm，纯度>99.99%)、聚二甲基硅氧烷(PDMS)。

四、实验内容与步骤

1. BST/PDMS 复合浆料制备：称取 3.6 g PDMS 放入 20 mL 烧杯中；称取 4 g BST 粉末加到 PDMS 中。采用机械搅拌器将 PDMS 和 BST 粉末搅拌 1～2 h 充分混合均匀。然后称取 0.36 g 固化剂加入上述 PDMS 和 BST 混合物中，搅拌 5～10 min 混合均匀即得到 BST 含量约为 50%的 BST/PDMS 复合浆料。

2. BST/PDMS 光子晶体的 3D 打印成型：将 BST/PDMS 复合浆料装入 10 mL 的料筒中，并将料筒装载到无模直写 3D 打印机；采用 G 代码编写三维木堆结构光子晶体的程序，设置木堆结构的间距为 600 μm、700 μm 和 800 μm，层数分别为 8 层、12 层和 16 层；选用合适尺寸的针头(常用针头直径 100 μm、160 μm、210 μm、300 μm、500 μm)。本实验选用 210 μm 的针头，调整压力为 30～80 psi，设置打印速度为 5～15 mm/s，开始打印。样品的结构参数见表 27-1。在打印过程中，浆料会逐渐固化，此时需要适当增加挤出压力，最后将打印好的光子晶体置于 80 ℃烘箱中保温 2 h，使其完全固化。

表 27-1　BST/PDMS 光子晶体结构参数

样品	直径 $d/\mu m$	间距$/\mu m$	层数
S600	210	600	8
S700	210	700	8
S800-1	210	800	8
S800-2	210	800	12
S800-3	210	800	16

3.浆料的流变性质测试：采用 Thermofisher 公司生产的 Haake Rheowin MARS Ⅱ型旋转流变仪对 BST/PDMS 复合浆料进行流变学性质的测试。模具选用 PP35Ti。测试时圆盘间距设定为 1 mm，则两圆盘之间浆料的体积约为 1 mL。选用 CR/CS-Rotation Step 模块的控制速率（CR）模式测量浆料的表观黏度。选用 Oscillation Amplitude Sweep 模块的控制应力（CS）模式测量浆料的弹性模量和黏性模量，振荡频率为 1 Hz。用对数间隔的方式进行数据采集。

4.用扫描电子显微镜观察光子晶体的形貌，在观察前需要对样品喷金 60 s，增加样品的导电性。

5.用太赫兹时域光谱仪测量光子晶体的太赫兹透射谱。由于空气中的水分对太赫兹波的吸收较大，为保证测试结果的准确性，所有样品的测试均在干燥的高纯氮气氛中进行。

五、实验结果与讨论

1.浆料的流变学性质对 3D 打印成型有何影响？

2.介质棒的间距对太赫兹光子晶体带隙有何影响？

3.木堆结构的层数对太赫兹透过率有何影响？

六、思考与探索

在 3D 打印过程中，如何保证得到形貌较好（介质棒粗细均匀、无弯曲变形）的样品？

参考文献

[1] Lewis J. Direct ink writing of 3D functional materials [J]. Advanced Functional Materials, 2006, 16 (17): 2193-2204.

[2] 李琦，李勃，周济，等. 自动注浆成型技术：一种新型三维复杂结构成型方法[J]. 无机材料学报，2005，20(1)：13-20.

[3] Zhu P, Yang W, Wang R, et al. Direct writing of flexible barium titanate/polydimethylsiloxane 3D photonic crystals with mechanically tunable terahertz properties [J]. Advanced Optical Materials, 2017, 5(7): 1600977.

（冯凡）

实验28　SnO_2@石墨烯复合材料的制备与储锂性能研究

一、实验目的

1. 了解锂离子电池的工作原理。
2. 掌握循环伏安测试技术和EIS测试技术。
3. 掌握使用锂离子电池测试设备对电极进行循环性能和倍率性能测试。
4. 了解石墨烯复合材料的制备方法。
5. 了解冷冻干燥机的使用方法和注意事项。

二、实验原理

随着全球经济的高速发展，各国对能源的需求与日俱增，而大量化石燃料的燃烧使得温室气体的排放量逐年增加，引发冰川融化速度加快、全球变暖、海平面上升等环境问题，严重威胁人类的生存和发展。因此，必须开发清洁能源来替代化石燃料，共同保护好我们的家园。

锂离子二次电池作为一种清洁能源，具有能量密度高、循环寿命长、无记忆效应等优点，已在手机、平板电脑、数码相机、小型电动工具等便携式电子设备中广泛应用。此外，电动汽车、无人机等动力设备的发展对锂离子电池的能量密度、功率密度、安全性等也提出了更高的要求。因此，开发性能优异的电极材料成为锂离子电池发展的关键因素之一。

一个完整的锂离子电池由正极、负极、电解液和隔膜组成。以$LiCoO_2$，石墨电极体系为例，其工作原理如图28-1所示，当充电时，Li^+经电解液从$LiCoO_2$流向石墨负极；当放电时，嵌在石墨碳层中的Li^+通过电解液又回到正极$LiCoO_2$中，即充放电过程是Li^+在正负极之间不断嵌入/脱出的过程。电极反应方程式如下：

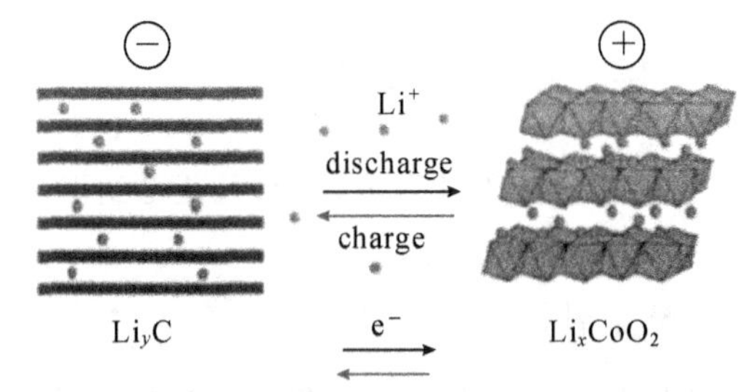

图28-1　$LiCoO_2$充放电过程示意图

正极：$LiCoO_2 \longrightarrow Li_{1-x}CoO_2 + xLi^+ + xe^-$

负极：$6C + xLi^+ + xe^- \longrightarrow Li_xC_6$

电池总反应：$LiCoO_2 + 6C \longrightarrow Li_{1-x}CoO_2 + Li_xC_6$

对锂离子电池负极材料来说，目前主要有三种反应机理：嵌入式、合金化和转化反应。其中，嵌入式负极材料的反应机理即充放电过程中Li^+可逆地嵌入和脱出，代表性材料有碳材料、钛酸锂和TiO_2等。合金化反应机理是在充放电过程中Li^+与材料发生可逆的合金化反应形成锂的合金和去合金化，代表性材料有硅、锡和锗等。涉及转化反应机理的材料主要是过渡金属氧化物，如 Fe_2O_3、Fe_3O_4、Co_3O_4、NiO、CuO 等，Li^+ 与其反应生成金属和形成 Li_2O。

锂离子电池的性能指标主要包括循环性能和倍率性能，测试手段为恒流充放电。此外，还借助循环伏安法测试材料在充放电过程中的氧化还原电位，进而研究其锂化/去锂化机理；通过电化学阻抗测试研究电极的储锂动力学。下面将进行简单的介绍。

(一)循环伏安法

循环伏安法是一种重要的电化学测试方法，尤其在锂离子电池领域有着广泛的应用，主要用于电极反应机理和电极反应可逆性的研究。在一定的扫描速率下，从开路电位负向扫描，电极中的活性物质被还原，产生还原电流；正向扫描时，电极中的活性物质被氧化，产生氧化电流。根据氧化还原电位分析电极反应的机理，多次扫描后判断电极反应的可逆性。

(二)恒流充放电法

恒流充放电法又称计时电势法，是一种研究材料电化学性能的非常重要的方法。在恒定电流下对被测电极进行充放电测试，记录其电位随时间的变化规律，研究电极的充放电性能，并根据活性物质的质量可计算材料的实际比容量。此外，在不同电流下可测试材料的倍率性能。

(三)电化学阻抗谱法

电化学阻抗谱法是一种以小幅度的正弦波电位或电流为扰动信号的电化学测量方法。在锂离子电池领域用来研究电极/电解液界面发生的 Li^+ 嵌入/脱出的动力学过程，如欧姆电阻、固/液界面的电荷转移电阻、Li^+ 的扩散阻抗，以及界面电容等。使用拟合软件对阻抗谱进行拟合，可以得到相应的电阻值和界面电容值。

三、实验设备与材料

水热反应釜、电热鼓风干燥箱、管式炉(惰性气氛保护)、电化学工作站、真空干燥箱、锂离子电池测试设备、X 射线衍射仪(XRD)、扫描电子显微镜(SEM)、透射电子显微镜(TEM)、比表面积测试仪、冷冻干燥机、超声波清洗器、电子天平。

石墨粉、乙炔黑、$K_2S_2O_8$(A. R.)、P_2O_5(A. R.)、浓硫酸(A. R.)、稀盐酸(A. R.)、$KMnO_4$(A. R.)、$SnCl_2 \cdot 2H_2O$(A. R.)、NaOH(A. R.)、1-甲基-2-吡咯烷酮(A. R.)、去离子水。

四、实验内容与步骤

1. 氧化石墨(GO)制备：通过改进的 Hummers 法制备氧化石墨。先将石墨粉预氧化，即将 1 g 石墨粉、1 g $K_2S_2O_8$ 和 1 g P_2O_5 加入 25 mL 浓硫酸中，在 35 ℃下搅拌 6 h。

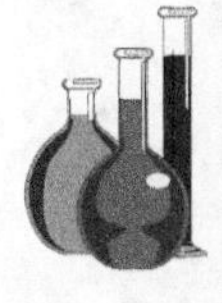

之后用去离子水洗至中性，60 ℃下干燥 24 h。将预氧化的石墨粉加入 50 mL 浓硫酸中，冰水浴下搅拌，之后再缓慢加入 5 g $KMnO_4$，搅拌 30 min。将温度升至 35 ℃搅拌 6 h，加入 100 mL 去离子水，将温度升至 98 ℃搅拌 15 min。产物用稀盐酸和去离子水洗至中性，放入冰箱中(－18 ℃)冷冻。待取用时，先用冷冻干燥机对其进行冷冻干燥，当干燥完成后，再称量取用。

2. SnO_2@石墨烯复合材料的制备：称取不同质量的氧化石墨(GO)(0 mg、32 mg、64 mg、128 mg)，在 25 mL 去离子水中超声 30 min，加入 0.282 g $SnCl_2 \cdot 2H_2O$，搅拌至完全溶解后逐滴加入 25 mL 0.1 mol/L NaOH 溶液。之后将反应溶液转入 100 mL 反应釜中，200 ℃反应 24 h。待反应完成后，自然冷却到室温，产物用去离子水和无水乙醇洗涤后于 60 ℃下干燥过夜。将干燥后的物品在 Ar 气氛下 450 ℃热处理 2 h，备用。不加氧化石墨(GO)的产物处理方法同上。

3. 电极片制作：将产物(SnO_2@石墨烯和 SnO_2)、乙炔黑和 PVDF 按质量比 70∶15∶15 的比例混合均匀后，加入适量的 1-甲基-2-吡咯烷酮(NMP)，搅拌均匀后涂布在事先称好质量的铜箔(m_1)上，80 ℃下真空干燥过夜。之后，将干燥好的电极片在 10 MPa 压强下压片，称质量(m_2)，则活性物质的质量 $m_{活}=(m_2-m_1)\times 0.7$。

4. 电池组装：在手套箱中进行锂离子半电池的组装。具体步骤为：以锂片为对电极和参比电极，活性物质为工作电极，电解液为 1 mol/L $LiPF_6$(溶剂为碳酸乙烯酯、碳酸二甲酯和碳酸甲基乙基酯，体积比为 1∶1∶1)，隔膜为 Celgard 2325 聚丙烯膜。按电池壳、电极片、隔膜、锂片、垫片、弹片、电池盖的顺序组装电池。组装好后静置 24 h 后进行测试。设置反应条件，如表 28-1 所示。

表 28-1　GO 用量和反应温度、反应时间

样品	GO 的质量/mg	反应温度/℃	反应时间/h
1	32	200	24
2	64	200	24
3	128	200	24
对照	0	200	24

5. 用 XRD 分析产物的物相结构。

6. 用 SEM 和 TEM 观察产物的形貌和微结构。

7. 用比表面积测试仪分析产物的比表面积。

8. 循环伏安测试：将组装好的电池在电化学工作站上进行测试，测试条件为：电位区间 0.01～3.0 V，扫描速率 0.1 mV/s，扫描圈数为 3 个循环，测试温度为室温(25 ℃)。

9. 恒流充放电测试：在 200 mA/g 电流密度下对电极进行循环性能测试；在 100 mA/g、200 mA/g、400 mA/g、800 mA/g、1600 mA/g、3200 mA/g 电流密度下对电极进行恒流充放电测试。

10. EIS 测试：将组装好的电池在电化学工作站上进行 EIS 测试，测试频率范围为 100 kHz～10 MHz，扰动电位的振幅为 5 mV，测试温度为室温(25 ℃)。

五、实验结果与讨论

1. 用 XRD 对产物进行物相表征，分析表征结果。
2. 用 SEM 和 TEM 对产物的形貌和微结构进行表征，并对其进行分析。
3. 将产物的电化学性能测试结果填入表 28-2 中。

表 28-2　电化学性能测试结果

样品	200 mA/g 循环 100 次后的比容量/($mAh \cdot g^{-1}$)	100 mA/g 循环 100 次后的比容量/($mAh \cdot g^{-1}$)	3200 mA/g 循环 100 次后的比容量/($mAh \cdot g^{-1}$)
1			
2			
3			
对照			

六、思考与探索

1. 不同石墨烯用量，得到的复合材料的形貌是否有差异？
2. 比较不同石墨烯用量下得到的产物的储锂性能。
3. 分析 SnO_2@石墨烯复合材料的储锂机理？
4. 通过 EIS 数据分析石墨烯用量对产物储锂动力学的影响？
5. 在使用冷冻干燥机过程中应该注意哪些问题？

参考文献

[1] 赵书平，王婵，杨正龙，等. 锂离子电池负极材料二氧化锡的研究进展[J]. 材料导报，2016，30(1)：136-142.

[2] 吴玉玲. 新型石墨烯/二氧化锡复合材料作为锂离子电池负极的制备与性能研究[D]. 厦门：厦门大学，2016.

[3] 王海腾. 基于石墨烯的锂离子电池负极材料的研究[D]. 北京：北京交通大学，2013.

[4] 袁若鑫，刘新刚，张楚虹. 二氧化锡/石墨烯柔性电极的制备及其在锂离子电池中的应用[J]. 应用化学，2018，35(7)：825-833.

（常玲）

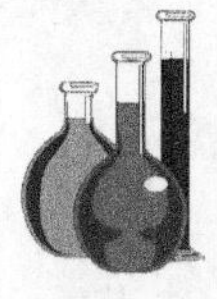

实验 29　Z 型铁基量子点/CdS 复合催化剂的制备及性能

一、实验目的

1. 了解 Z 型复合催化剂活性增强机理。
2. 掌握复合催化剂的软化学制备方法。

二、实验原理

氢作为一种重要的能源载体，具有能量密度高、清洁、可储可运和安全等特点，且燃烧后唯一产物是水，不污染环境，被认为是理想的绿色能源。

目前，在光催化分解水制氢领域，研究较多的具有可见光响应的非复合催化剂是诸如类石墨状氮化碳（g-C_3N_4）、氮氧化物（$TiO_{2-x}N_x$）和固溶体［（$Ga_{1-x}Zn_x$）（$N_{1-x}O_x$）］等半导体材料，它们在光催化反应过程中抗光腐蚀能力强，具有良好的循环使用寿命，但光解水产氢效率普遍不高。相对以上催化剂，硫化物催化剂表现出更为优异的光催化活性。这主要是由于硫化物中 S 由 3p 电子组成的价带的位置较高，因此硫化物具有比较宽的可见光吸收范围。实际上，应用于光解水制氢研究的金属硫化物中只有少量的金属硫化物仅在紫外光下有响应能力，比如，ZnS，而大多数的金属硫化物在可见光下均具有光催化活性，如 CdS、In_2S_3、$ZnIn_2S_4$、$AgIn_5S_8$ 等。在以上硫化物中，纳米 CdS 具有合适的禁带宽度（室温下为 2.4 eV）和带隙位置，其导带和价带的位置完全覆盖了分解水析氢产氧的电位，在这种情况下，导带越负和价带越正，那么通过氧化还原反应分解水的能力就越强。由于以上特性，CdS 被广泛地应用于光催化分解水制氢研究。

目前关于 CdS 光解水制氢的研究主要有以下两种形式：第一种是将 CdS 直接作为光解水制氢的催化剂，也就是使用 CdS 在可见光下激发产生光生电子还原 H^+ 形成氢气；第二种是利用 CdS 来构建复合型催化剂，由于 CdS 在可见光范围内自身有很好的光响应能力，可以借助 CdS 受激发产生电子后转移到耦合半导体的导带上来还原 H^+ 制氢。第一种应用中单组分的 CdS 实际上分解水效率并不高，一般只有 10 μmol/h 左右，并且循环催化能力有限，一般只有三四个小时的使用寿命。这主要是由于 CdS 单独作为催化剂使用时，光激发形成电子-空穴对后，留在 CdS 价带上的空穴会发生自身氧化腐蚀作用：$CdS + 2h^+ \longrightarrow Cd^{2+} + S$。由于光腐蚀作用，CdS 的晶体结构在光催化过程中会被逐渐破坏，导致总体催化效率低下以及循环使用寿命短。因此，大多关于 CdS 的研究集中在构建 CdS 基耦合光催化剂上，即将 CdS 纳米晶和另外一种宽带隙或者窄带隙的半导体进行复合，通过稳定异质界面的构建，促进光生电子和空穴在这两种半导体之间进行快速分离和迁移。前期的相关研究也印证了这一点，研究结果表明，通过构建异质界面不仅可以加速载流子的有效分离，而且与单组分硫化物相比，拥有紧密界面的硫化物基复合型催化剂表现出更高的光催化稳定性。而在CdS基复合型体系中，当CdS与宽带隙半导体进行复合(如TiO_2、ZnO等)时，该复合体系中CdS充当敏化剂，在可见光辐射下，只有CdS有能力吸收可见光形成电子和空穴，而后电子转移到TiO_2或ZnO之类催化剂的导带上，从而加速了光生载流子的分离，在一定程度上提高了光催化活性。但从理论上考虑，该复合体系与CdS直接作为催化剂使用时一样都面临着稳定性问题，因为复合体系的构建虽然加速了载流子的分离，但是光生空穴仍然留在CdS的价带上，光腐蚀问题仍然不可避免。当CdS与窄带隙半导体复合时，其载流子分离方向如图29-1(a)所示。在复合体系中，光生载流子通过异质界面快速实现分离，最终光生电子和空穴分别富集于两种基体上。此时，光生空穴是否集中于CdS的价带上，取决于复合对象导带价带和CdS导带价带的位置。当CdS导带位置更高时，最终光生空穴会聚集于CdS价带上，此时同前两种情况一样，会存在CdS自身氧化腐蚀现象；而当CdS的导带位置低于复合对象时，复合型催化剂体系的光生电子会转移到CdS，光生空穴会注入复合对象的价带上。在这种情况下，尽管CdS自身氧化腐蚀现象可以避免，但是由于CdS导带更低，因此CdS导带上的光生电子还原能力变弱，光解水制氢能力会受到抑制。综上所述，构建高活性且稳定性优异的CdS基复合催化剂，应该综合考虑以下几个因素：①复合体系可见光利用率问题；②光生空穴和电子氧化还原能力问题；③光生空穴最终转移到哪一种复合基体上。

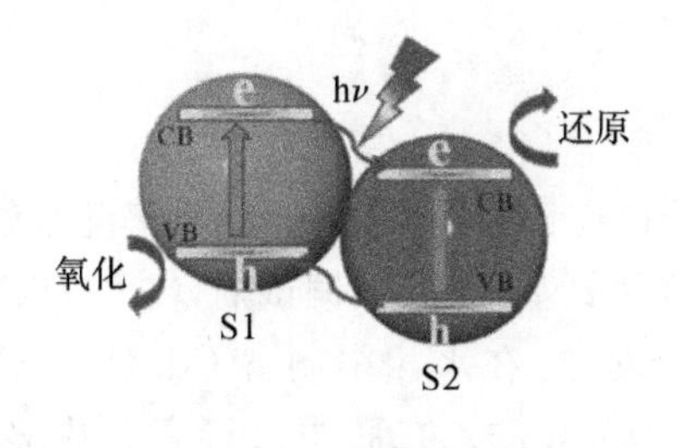

(a) 常见复合型催化剂载流子转移路径

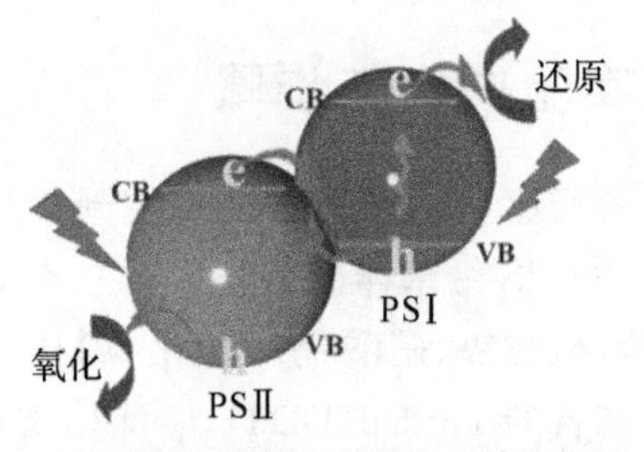

(b) Z型复合型催化剂载流子转移路径

图29-1 载流子转移路径

S1、S2：半导体；PS1、PS2：光催化半导体；CB：导带；VB：价带

一般情况下，半导体禁带宽度越小，半导体的光谱吸收范围就越宽，那么该半导体对可见光的利用率就越高。与此同时，光生电子的还原能力和光生空穴的氧化能力就相对越弱。因此优化设计CdS基复合材料体系，应该在拓展其光谱响应范围的同时，要尽可能使体系的导带电位更负和价带电位更正。然而，这两个因素在一定程度上是相互矛盾的。而Z型光催化剂可以同时满足这两点要求，即：Z型光催化剂在降低半导体带隙的同时，既能保留较高还原能力的光生电子，又能保留较高氧化能力的光生空穴。这是因为Z型光催化系统综合利用了两种半导体的优势，其电荷转移机制类似于自然界中绿色植物的光合作用，其中载流子传输途径包括两步激发，类似于英文字母"Z"，如图29-1(b)所示。含铁化合物禁带宽度适宜，在可见光区域有很好的响应能力。此外，Fe元素廉价且分布广泛，很多天然岩土(如赤铁矿等)都含有丰富的含铁化合物，

因此采用含铁化合物来构建Z型复合光催化剂将具有更加明显的经济优势。从催化剂的尺寸对催化效率的影响角度考虑，大尺寸的Fe_2O_3对提高体系的催化效率有限，这是由于纳米粒子的尺寸越大，光生电子-空穴对从本体产生迁移到催化剂表面参与反应的距离就越长，在体相迁移过程中复合的概率就会大大增加。从载流子分离效率角度说，这也很不利。从表面催化效率角度考虑，由于粒径小，同一比表面积可以负载更多含铁化合物，因此催化活性位点更多。综上考虑，本实验拟以含铁量子点(QDs)来改性CdS基体，利用小尺寸含铁量子点以及Z型结构的优势，来制备高效的光催化剂。为了进一步优化该类催化剂的活性，我们对CdS的形貌进行一定的选择，拟采用催化活性较高的一维CdS纳米棒和二维CdS纳米层作为复合对象。在该类催化剂中，由于最终光生空穴富集于含铁化合物的价带上，避免了对CdS基体的氧化腐蚀。因此，含铁量子点/CdS复合催化剂有望具有优异的稳定性和高效的催化活性。

三、实验设备与材料

高压反应釜、300℃高温电热烘箱、高速离心机、X射线衍射仪、扫描电子显微镜、紫外-可见漫反射分光光度计、比表面分析仪、电化学工作站、光催化分解水测试仪。

二乙基二硫代氨基甲酸钠(铜试剂，NaDDTC)、镉盐(硫酸镉、硝酸镉、氯化镉)、九水硝酸铁($Fe(NO_3)_3 \cdot 9H_2O$)、氯化亚铁($FeCl_2$)、氯化铁($FeCl_3$)、乙二胺($C_2H_8N_2$)、二乙烯三胺($C_4H_{13}N_3$)、碳酸氢铵(NH_4HCO_3)。

四、实验内容与步骤

1. 大长径比CdS纳米棒的可控制备及性能研究：采用溶剂热辅助热解配合物法制备大长径比的CdS纳米棒。首先采用二乙基二硫代氨基甲酸钠(铜试剂，NaDDTC)为络合物，以镉盐(硫酸镉、硝酸镉或氯化镉)作为络合对象，在水相中制备$Cd(DDTC)_2$配体。而后将所制备的1 g $Cd(DDTC)_2$配体溶解于40 mL的乙二胺中进行高温热解，反应在180 ℃下持续12 h。待冷却至室温后，离心、洗涤、干燥即可得到黄色的CdS纳米棒。

2. CdS纳米薄层的可控制备及性能研究：采用溶剂热路线制备CdS纳米薄层。以二乙烯三胺为溶剂，以镉盐(硫酸镉、硝酸镉或氯化镉)和硫粉作为产物的前驱体，90 ℃反应48 h。待冷却至室温后，离心、洗涤、干燥即可得到黄色的CdS纳米薄层。

3. Fe_2O_3 QDs的可控制备及性能研究：采用前驱体热分解法和混合溶剂热路线制备Fe_2O_3 QDs。在前驱体热解法中，采用九水硝酸铁($Fe(NO_3)_3 \cdot 9H_2O$)作为前驱体。将$Fe(NO_3)_3 \cdot 9H_2O$在200 ℃反应10 h进行热分解来制备Fe_2O_3 QDs。

4. Fe_3O_4 QDs的制备研究：以氯化亚铁和氯化铁作为混合前驱体，去离子水作为溶剂，氨水作为pH调节剂，采用溶胶法在适当反应温度下制备Fe_3O_4 QDs。通过控制反应体系酸碱度和反应温度，达到准确制备Fe_3O_4 QDs的目的。

5. FeOOH QDs的制备研究：与Fe_3O_4 QDs的制备方法类似，采用溶胶法来制备FeOOH QDs。在制备过程中，以氯化铁为前驱体，乙醇为溶剂，以碳酸氢铵来维持反应体系的酸碱度。通过控制反应体系中碳酸氢铵的加入量、反应温度和反应时间来优化

Fe_3O_4 QDs 的制备。

6. 铁基量子点/CdS 的可控制备及性能优化研究：铁基量子点/CdS 复合催化剂是在上述制备铁基量子点的条件下制备得到的。首先将大长径比 CdS 纳米棒和 CdS 纳米薄层加入制备铁基化合物所需的反应溶剂中，经过超声形成分散均匀的悬浮液。然后加入制备含铁量子点所需的铁源，调节反应体系的 pH 值，通过调控反应时间和反应温度，实现含铁量子点/CdS 复合材料的可控制备。研究不同形貌的 CdS 和不同 CdS 加入量以及合成反应条件对含铁量子点/CdS 复合材料形貌、结构和光催化活性及稳定性的影响。

7. 用 X 射线衍射仪(XRD)测定催化剂样品的晶相结构和晶相纯度。

8. 用扫描电子显微镜(SEM)表征样品形貌和微观结构。

9. 用带有积分球的紫外-可见漫反射分光光度计(UV-vis DRS)测试样品的吸光度，进而通过 Kubelka-Munk 公式计算样品的带隙。

10. 用比表面分析仪(BET)测定样品的比表面积、孔径分布及孔隙。

11. 用电化学工作站测定光电流响应(I-t)和电化学阻抗谱(EIS)，用以分析载流子的分离快慢。

12. 用光催化产氢装置测试光催化产氢活性。

五、实验结果与讨论

1. 不同铁基量子点对铁基量子点/CdS 复合型制氢催化剂微观结构的影响。

2. 不同铁基量子点对铁基量子点/CdS 复合型制氢催化剂催化性能的影响。

3. 将计算结果填入表 29-1 中。

表 29-1　实验数据记录

样　品	比表面积/($m^2 \cdot g^{-1}$)	产氢气活性/($mmol \cdot h^{-1}$)
Fe_2O_3 QDs/CdS		
Fe_3O_4 QDs/CdS		
FeOOH QDs/CdS		

六、思考与探索

1. 简述上述制备条件中，铁基量子点的形成机理。

2. 详细阐述样品结晶性、微观结构、光学吸收性质、比表面积、载流子分离速率对铁基量子点/CdS 复合型制氢催化剂产氢活性的影响。

参考文献

[1] Fujishima A, Honda K. Electrochemical photolysis of water at a semiconductor electrode [J]. Nature, 1972, 238(5358): 37-38.

[2] Jiang Z, Wan W, Li H, et al. A hierarchical Z-scheme α-Fe_2O_3/g-C_3N_4 hybrid for enhanced

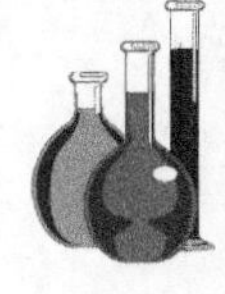

photocatalytic CO_2 reduction [J]. Advanced Materials, 2018, 30(10): 1706108.

[3] Zhang Z, Jr JTY. Band bending in semiconductors: chemical and physical consequences at surfaces and interfaces [J]. Chemical Reviews, 2012, 112(10): 5520-5551.

[4] Brown K, Wilker M, Boehm M, et al. Characterization of photochemical processes for H_2 production by CdS nanorod-[FeFe] hydrogenase complexes [J]. Journal of the American Chemical Society, 2012, 134(12): 5627-5636.

（陈伟）

实验30　$BaTiO_3$纳米粉体制备工艺过程可视化控制

一、实验目的

1. 掌握用液相沉淀法、微乳液法、低温固相合成法、模板法、超声波化学法、微波辅助合成法、超重力法等制备纳米$BaTiO_3$粉末晶体的方法，能区别不同制备方法的优缺点，能根据所需粉体材料的性能选择适合的制备方法。

2. 掌握$BaTiO_3$纳米粉体制备过程中的相关工艺参数对成品结构性能的影响规律和作用机理。

二、实验原理

钛酸钡($BaTiO_3$)是最早发现的一种具有ABO_3型钙钛矿晶体结构的典型铁电体，它具有高介电常数、低介质损耗及铁电、压电和正温度系数效应等优异的电学性能，被广泛应用于制备高介陶瓷电容器、多层陶瓷电容器、PTC热敏电阻、动态随机存储器、谐振器、超声探测器、温控传感器等，被誉为“电子陶瓷工业的支柱”。传统制备钛酸钡的方法主要采用高温煅烧碳酸钡和二氧化钛的混合物或高温煅烧草酸氧钛钡的方法，它是我国目前工业制备钛酸钡的主要方法，但由于煅烧温度高达1000～1200 ℃，因而制得的粉体硬团聚严重、颗粒大且粒度分布不均匀，纯度低，烧结性能差。目前，新型的纳米钛酸钡制备方法有以下几种：

(一)固相研磨-低温煅烧法

先在室温下将氢氧化钡与钛酸丁酯混合研磨，再在较低温度(<300 ℃)下煅烧制得颗粒大小分布均匀、粒径为15～20 nm的钛酸钡纳米粉体，其煅烧温度比传统的固相反应法降低了约700～900 ℃，既克服了高温固相煅烧法反应温度高、产品质量低的缺点，又克服了液相法在水溶液中制备易引入杂质、粒子易团聚等缺点。

(二)水热合成法

水热合成法是指在密封体系如高压釜中，以水为溶剂，在一定的温度和水的自生压力下，原始混合物进行反应的一种合成方法。由于在高温、高压水热条件下，能提供一个在常压条件下无法得到的特殊的物理化学环境，使前驱物在反应系统中得到充分的溶解，并达到一定的过饱和度，从而形成原子或分子生长基元，进行成核结晶生成粉体或纳米晶。

水热法制备的粉体晶粒发育完整、粒度分布均匀、颗粒之间团聚少，可以得到理想化学计量组成的材料，其粒度可控，原料较便宜，生产成本低，而且粉体无须煅烧，可以直接用于加工成型，这就可以避免在煅烧过程中晶粒易团聚、长大和容易混入杂质等缺点。

（三）溶胶凝胶法

液相法是制备 $BaTiO_3$ 纳米粉体的一种重要方法，其中溶胶-凝胶法是最为常用且较优异的方法。为制备高性能低成本压电陶瓷材料，以低价的乙酸与乙二醇为溶剂，采用 Sol-Gel 法制备 $BaTiO_3$ 溶胶和纳米粉体。XRD 和 TEM 分析结果显示，所制备的粉体为纯钙钛矿相，近球形，粒径在 40 nm 左右。通过 IR、GC-MS 分析了钛酸钡溶胶的形成机理，结果表明：在钛酸钡的溶胶过程中乙二醇、乙酸与乙酸钡、钛酸四丁酯发生化学反应，生成以金属氧键为中心，乙二醇与乙酸为中间络合支架的链状聚合体，提高了凝胶的质量和稳定性。

（四）草酸盐共沉淀法

共沉淀法具有工艺简单的优点，其中草酸盐共沉淀法已在工业生产中获得应用。以 $Ti(OC_4H_9)_4$ 为钛源，$Ba(Ac)_2$、$BaCl_2$ 或 $Ba(NO_3)_2$ 为钡源，采用草酸盐共沉淀法制备 $BaTiO_3$ 粉，具体过程为：首先控制草酸物质的量为 Ti 与 Ba 物质的量之和，即 $n(H_2C_2O_4)=n(Ti)+n(Ba)$，分别称取各原料，将草酸、钡盐分别溶于适量的水中配成水溶液。在不断搅拌下将 $Ti(OC_4H_9)_4$ 滴入草酸溶液中，先有白色 $Ti(OH)_4$ 沉淀生成，而后沉淀与草酸反应形成易溶的 $TiOC_2O_4$。待沉淀完全溶解后，在搅拌下慢慢滴入钡盐水溶液，同时用 2 mol/L 的稀氨水使反应体系的 pH 值保持在 2.5 左右，使钡、钛能完全共沉淀生成草酸氧钛钡。沉淀经过滤、洗涤，在电热干燥箱中 110 ℃下干燥得到前驱物，前驱物在马弗炉中一定条件下焙烧得到疏松的 $BaTiO_3$ 粉体。

三、实验设备与材料

欧贝尔虚拟仿真软件系统。

四、实验内容与步骤

1. 进行虚拟仿真实验前，先查阅相关文献，初步了解 $BaTiO_3$ 纳米粉体材料的特性和应用以及常用制备方法的研究现状，并做书面总结。

2. 首先进入学习模式进行制备 $BaTiO_3$ 纳米粉体的模拟实验，熟悉采用不同方法制备 $BaTiO_3$ 纳米粉体的工艺路线、所需设置的工艺参数及可用的数据范围和模拟软件的操作方法。

3. 然后进入考试模式，根据以纳米 $BaTiO_3$ 为原料的常见工业产品对粉体性能指标的要求，选择合适的工艺路线，通过调整工艺参数，以得到满足预设性能要求的 $BaTiO_3$ 粉体，记录工艺调整过程。

4. 最后进入竞赛模式，根据随机要求的性能指标，以最快速度选择合适的工艺路线和工艺参数制备满足指标要求的 $BaTiO_3$ 粉体。

五、实验结果与讨论

总结各小组得到的数据，填入表 30-1 中，作出对应的工艺参数-性能指标变化曲线。

表 30-1　纳米 $BaTiO_3$ 粉体的制备数据

样品编号	制备方法	pH 值	煅烧温度/℃	煅烧时间/min	晶粒大小/nm

六、思考与探索

阐述凝胶法和沉淀法制备钛酸钡粉体各自的优缺点。

参考文献

[1] 沈志刚，陈建峰，刘方涛，等. 纳米钛酸钡电子陶瓷粉体的制备技术[J]. 化工进展，2002，21(1)：34-36，65.

[2] 全学军，蒲昌亮. 钛酸钡的制备研究进展[J]. 材料导报，2002，16(6)：45-47，67.

[3] 曹茂盛. 超微颗粒制备科学与技术[M]. 哈尔滨：哈尔滨工业大学出版社，1998.

（谢奔）

实验 31　稀土掺杂纳米吸波材料的配方设计与虚拟优化

一、实验目的

1. 掌握稀土掺杂纳米铁氧体吸波材料的制备工艺。

2. 掌握掺杂稀土对铁氧体吸波材料晶体结构、晶格常数、粒径、表面形貌及吸波特性的影响规律和优化设计。

二、实验原理

磁性吸波材料属于磁介型吸波材料，既具有强磁性，又具有一定的介电性。在种类繁多的吸波材料中，磁性吸波材料是应用最广、最为成熟的一种。稀土元素的原子和离子具

有特殊的电、磁、光和催化性能，被誉为新材料的宝库。将一定量的稀土元素添加到磁性吸波材料基体中可以提高材料的吸收量，扩展带宽，减薄匹配厚度，能较好地改善其吸波性能。物质的磁性与其内部未成对的电子数有关。稀土元素 4f 壳层未成对电子数可高达 7 个，具有磁矩，由于 4f 电子被外层的 $5s^2 5p^6$ 电子屏蔽，所以它们受周围环境的影响较小，与周围环境的相互作用是间接交换作用，从而有未被抵消的净磁矩。而过渡元素的 d 电子裸露在外，受周围环境的影响较大，与周围环境的相互作用是直接交换作用。因此，不同于 Fe、Co、Ni 等过渡元素，稀土具有很好的顺磁磁化率、饱和磁化强度、磁晶各向异性及磁致伸缩。因此，可利用稀土元素的特性来调节、优化吸波材料的电磁参数，达到明显改善材料吸波性能的目的。

在铁氧体中掺杂稀土元素可以调整其电磁参数和电磁波吸收特性。稀土离子半径比较大，取代铁氧体中部分离子半径小的元素后可使晶格常数变大，从而出现晶格畸变，增强物理活性，提高介电损耗；掺杂少量的稀土离子能增加晶体的磁晶各向异性场，提高矫顽力，从而增加在交变电磁场中的磁滞损耗；晶体的平均晶粒尺寸增大，导致晶界电阻率减小，从而使晶体整体的电阻率减小，增加了涡流损耗，同时增加了畴壁谐振损耗；控制掺杂量可以调节铁氧体材料吸收峰的频率范围，以达到预期的应用效果，并可扩展吸收频带宽度，改善高温吸波性能；控制掺杂量能够控制晶体中晶粒的尺寸，使其满足一定的匹配要求。

稀土磁性吸波材料的制备结合了吸波材料和稀土材料的制备方法，主要有高能球磨法、溶胶-凝胶法、固相反应法及化学共沉积法等。

（一）高能球磨法

高能球磨法又称机械力化学法，在近几十年得到了很大发展。该技术作为一种制备各种粉末材料的有效方法得到广泛应用，特别是近年来基于机械力化学原理发展起来的反应球磨技术，在新材料的开发和研制中占有越来越重要的地位。机械力可诱发的反应类型很多，其反应机制包括界面反应机制、自蔓延反应机制、固溶-分解机制等。

（二）溶胶-凝胶法

溶胶-凝胶法是近年发展起来的用于制备纳米材料的一种新工艺。其基本原理是用液体化学试剂配制成金属无机盐或金属醇盐前驱物，前驱物溶于溶剂中形成均匀的溶液，溶质与溶剂产生水解或醇解反应，生成物经聚集后形成细小的粒子并形成溶胶。将金属有机或无机化合物经溶液制得溶胶；溶胶在一定的条件下（如加热）脱水时，具有流动性的溶胶逐渐变黏稠，成为略显弹性的固体凝胶；再将凝胶干燥、焙烧得到纳米级产物。溶胶-凝胶法是一种实用的材料制备工艺，因为制备的材料具有纯度高、均匀性好和颗粒微细等特点而被广泛应用于功能材料的制备，是目前制备高性能稀土吸波材料的最好方法。

（三）固相反应法

高温固相反应法合成稀土材料是应用最早和最多的传统方法，也是目前唯一能真正实现稀土材料工业化生产的方法。其制备稀土吸波材料的主要过程是：将达到要求纯度的原料按一定比例称重，加入一定量的助剂充分混合、磨匀，然后在一定温度、气氛和时间条件下进行灼烧。采用固相反应法可制备纳米级的稀土吸波材料。

（四）化学共沉积法

化学共沉积法是在含有两种或多种金属离子的溶液中加入强还原剂，基于金属离子还原电位的不同，以不同的顺序被还原出来，后还原出的金属颗粒便以先还原出的颗粒为结晶核形成复合粉。化学共沉积法也是目前制备磁性吸波材料应用比较多的一种方法。

三、实验设备与材料

欧贝尔虚拟仿真软件系统。

四、实验内容与步骤

1. 进行虚拟仿真实验前，先查阅相关文献，初步了解稀土掺杂纳米铁氧体吸波材料的电磁特性和机理。

2. 首先进入学习模式，熟悉稀土掺杂纳米铁氧体粉末的制备工艺路线，所需设置的工艺参数及可用数据范围和模拟软件的操作方法。

3. 随后进入调试和优化模式。首先在无掺杂的条件下，通过调整制备工艺参数，记录制备工艺-吸波性能间的关系曲线，从而得到最佳的工艺参数；然后在已设最佳制备工艺参数的条件下，改变掺杂稀土种类、含量，以得到掺杂配方-吸波性能间的关系，从而得到最佳的掺杂配方；在确定最佳掺杂配方的前提下，再重新调整制备工艺参数，从而进一步优化制备工艺参数。

五、实验结果与讨论

总结模拟实验数据，填入表 31-1 中，作出对应的工艺参数-吸波性能指标变化曲线。

表 31-1　稀土掺杂纳米铁氧体粉末的制备数据

样品编号	制备方法	掺杂种类	掺杂量/%	煅烧温度/℃	煅烧时间/min	吸波性能/dB

六、思考与探索

阐述掺杂对 M 型铁氧体和 M 型钡铁氧体材料吸波性能的影响规律的不同之处。

参考文献

[1]谢建良，冯少东，连利仙. Nd_xFe_{94}-xB_6 微波磁导率的研究[J]. 电子科技大学学报，2008，37(4)：

624-626.
[2] 赵灵智,胡社军,李伟善,等.吸波材料的吸波原理及其研究进展[J].现代防御技术,2007,35(1):27-31,48.
[3] 阚涛,娄明连.添加稀土对吸波材料性能的影响[J].磁性材料及器件,2001,32(6):18-21.

(谢奔)

实验 32　聚合物挤出成型过程仿真

一、实验目的

1. 了解积木式同向双螺杆配混料机基本结构组成及其螺杆的常用组合形式。
2. 熟悉同向双螺杆配混料机的使用方法和操作要点。
3. 掌握工艺因素、试验设备与塑料产品之间的关系。

二、实验原理

挤出成型在塑料加工中又称挤塑,是指物料通过挤出机料筒和螺杆间的作用,边受热塑化,边被螺杆向前推送,连续通过机头而制成各种截面制品或半制品的一种加工方法。在塑料挤出过程中,固体物料从料斗加入,在旋转着的螺杆作用下,通过料筒内壁和螺杆表面的摩擦作用,向前输送和压实。在开始阶段物料呈固态向前输送,由于机筒外有加热圈,热量通过机筒传导给物料;与此同时,物料在前进过程中,产生摩擦热,使物料沿料筒向前的温度逐渐升高,高分子物料从颗粒或粉状转变成熔融的状态,熔融的物料被连续不断地输送到螺杆前方,通过过滤网、分流板而进入机头成型,使高聚物具有一定的形状,再通过定型、冷却、牵引等辅机作用,成为一定形状的塑料制品。

在这个过程中,挤出机挤压系统的主要作用是:

1. 连续、稳定地输送物料;
2. 将固体物料塑化成熔融物料;
3. 使物料在温度和组分上均匀一致。

聚合物的挤出成型方法是材料专业学生必须掌握的实验技能,但在实际实验教学过程中,由于实验硬件的限制、实际实验存在一定的危险性以及实际实验过程中学生不方便观察物料的变化等因素,限制了学生对聚合物挤出实验的理解和相关实验技能的掌握。为此,开展挤出成型的虚拟仿真实验,学生可以将所学聚合物材料加工知识用于实践中。通过模拟聚合物的挤出加工过程,学生既能够直观地观察到挤出机和注射机的结构,又能观察到聚合物在加工过程中的状态变化,增强了学生的直观认识,与此同时,也能弥补实验室挤出机数量不足、学生不能亲手操作、动手能力欠缺的弊端,为实验教学效果的提高提供保障。

三、实验设备与材料

电脑、虚拟仿真软件。

四、实验内容与步骤

1. 进行虚拟仿真实验前，先查阅相关文献，初步了解同向双螺杆配混料机的基本结构和工作原理。

2. 首先进入学习模式，熟悉同向双螺杆配混料机的基本结构和操作工艺规程，所需设置的工艺参数、可用数据范围和模拟软件的操作方法，观察材料在加工过程中的形态变化。

3. 随后进入调试和优化模式。首先选用通用塑料，通过调整加工工艺参数，观察挤出样条是否稳定，得到最佳工艺参数。

五、实验结果与讨论

将塑料挤出参数记录在表 32-1 中。

表 32-1　塑料挤出参数

指标		A组	B组	C组	D组
原料名称、牌号					
料筒温度	Ⅰ段/℃				
	Ⅱ段/℃				
	Ⅲ段/℃				
	Ⅳ段/℃				
	Ⅴ段/℃				
	Ⅵ段/℃				
	Ⅶ段/℃				
机头/℃					
螺杆频率/Hz					
喂料频率/Hz					
熔体压强/MPa					
切粒速度/(r·min^{-1})					

六、思考与探索

1. 同向双螺杆配混料机通常可以对哪些塑料进行改性？试举例说明。

2. 分析试样性能与原料、工艺条件及实验设备的关系。

参考文献

[1] 张丽叶.挤出成型[M].北京:化学工业出版社,2001.
[2] 杨鸣波.聚合物成型加工基础[M].北京:化学工业出版社,2009.

(何志才、陈卫)

实验33　聚合物注射成型过程仿真

一、实验目的

1.了解注射成型机的基本结构及适合加工的材料种类。
2.了解注射成型机的工作原理。
3.熟悉注射成型机的使用方法和操作要点。

二、实验原理

注塑成型又称注射模塑成型,是一种注射兼模塑的成型方法。注塑成型方法的优点是生产速度快、效率高,操作可实现自动化,花色品种多,形状可以由简到繁,尺寸可以由大到小,而且制品尺寸精确,产品易更新换代,能成形状复杂的制件。

塑件的注塑成型工艺过程主要包括合模、填充、(气辅、水辅)保压、冷却、开模、脱模6个阶段。这6个阶段是一个完整的连续过程,直接决定着制品的成型质量。

(一) 填充阶段

填充时间从模具闭合开始注塑算起,到模具型腔填充到大约95%为止。理论上,填充时间越短,成型效率越高;但是在实际生产中,成型时间(或注塑速度)受到很多条件的制约。

(二) 保压阶段

保压阶段的作用是持续施加压力,压实熔体,增加塑料密度(增密),以补偿塑料的收缩行为。在保压过程中,由于模腔中已经填满塑料,所以背压较高。在保压过程中,注塑机螺杆仅能慢慢地向前作微小移动,塑料的流动速度也较为缓慢,这时的流动称作保压流动。由于在保压阶段,塑料受模壁冷却固化加快,熔体黏度增加迅速,因此模具型腔内的阻力很大。在保压的后期,材料密度持续增大,塑件也逐渐成型。保压阶段要一直持续到浇口固化封口为止,此时模腔压力达到最高值。

（三）冷却阶段

在注塑成型模具中，冷却系统的设计非常重要，这是因为成型塑料制品只有冷却固化到一定刚性，脱模后才能避免塑料制品因受到外力而产生变形。由于冷却时间占整个成型周期的70%～80%，因此设计良好的冷却系统可以大幅缩短成型时间，提高注塑生产率，降低成本。设计不当的冷却系统会使成型时间拉长，增加成本；冷却不均匀更会进一步造成塑料制品的翘曲变形。

（四）脱模阶段

脱模是注塑成型循环中的最后一个环节。虽然制品已经冷固成型，但脱模还是对制品的质量有很重要的影响，如果脱模方式不当，可能会导致产品在脱模时受力不均，顶出时引起产品变形等缺陷。脱模的方式主要有两种：顶杆脱模和脱料板脱模。设计模具时要根据产品的结构特点选择合适的脱模方式，以保证产品质量。

聚合物的注射成型方法是材料专业学生必须掌握的实验技能，但是在实际实验教学过程中，由于实验硬件的限制、实际实验存在一定的危险性以及实际实验过程中学生不方便观察物料的变化等因素，限制了学生对聚合物注射实验的理解和相关实验技能的掌握。为此，开展注射成型的虚拟仿真实验，学生可以将所学聚合物材料加工知识用于实践中。通过模拟聚合物的注射加工过程，学生既能够直观地观察到注塑机的结构，又能观察到聚合物在加工过程中的状态变化，增强了学生的直观认识。与此同时，也能弥补实验室注塑成型机设备数量不足、学生不能亲手操作、动手能力欠缺的弊端，为实验课程教学效果的提高提供保障。

三、实验设备与材料

电脑、虚拟仿真软件。

四、实验内容与步骤

1. 进行虚拟仿真实验前，先查阅相关文献，初步了解注射成型机的基本结构和工作原理。

2. 首先进入学习模式，熟悉注射成型机的基本结构和操作工艺规程，所需设置的工艺参数、可用数据范围和模拟软件的操作方法，观察胶料在加工过程中的形态变化。

3. 随后进入调试和优化模式。首先选用通用塑料，通过调整加工工艺参数，观察注塑试样外观有无缺陷，得到最佳工艺参数。

五、实验结果与讨论

将注塑参数填入表33-1中。

表 33-1 注塑参数

指标		A组	B组	C组	D组
原料名称、牌号					
料筒温度	后段/℃				
	中段/℃				
	前段/℃				
喷嘴温度/℃					
物料温度/℃					
成型压强/($kg \cdot cm^{-2}$)					
注射速度/($m \cdot s^{-1}$)					
螺杆转速/($r \cdot min^{-1}$)					
注射保压时间/s					
冷却时间/s					
成型周期/s					

六、思考与探索

1. 常用的注射成型机可以对哪些塑料进行加工？试举例说明。
2. 导致试样产生缺料、溢料、凹痕、空泡的因素有哪些？

参考文献

[1] 申长雨，李海梅，高峰. 注射成型技术发展概况[J]. 工程塑料应用，2003，31(3)：53-57.
[2] 瞿金平. 聚合物成型原理及成型技术[M]. 北京：化学工业出版社，2001.

（何志才、陈卫）

实验 34 材料界面设计与破坏过程虚拟仿真

一、实验目的

1. 了解相容剂的概念，熟悉常用的相容剂种类。
2. 掌握聚合物共混改性中的界面设计方法和原则。
3. 了解聚合物材料的破坏过程和方式，让学生有针对性地设计聚合物配方并改进。

二、实验原理

聚合物共混改性是指将两种聚合物材料混合，以提高材料性能，也可以在聚合物中加入具有某些特殊性能的成分以改变聚合物的性能，如导电性能等。通过共混可提高高分子材料的物理力学性能、加工性能，降低成本，扩大使用范围。选取共混体系应考虑以下几点因素：

1.相容性因素(界面设计)。相容是共混改性的基本条件，两相具有良好的相容性，是两相体系共混产物具有良好性能(特别是力学性能)的前提。相容性影响共混过程的难易，相容性好的两相体系，在共混过程中分散相较易分散。因此，一般应首选相容性较好的聚合物体系进行共混。

2.结晶性因素。结晶性塑料与非结晶性塑料在性能上有明显的差异。采用不同结晶性能的聚合物进行共混，通常可以达到一些性能的互补。结晶性塑料通常具有较高的刚性和硬度，较好的耐化学药品性和耐磨性，加工流动性也相对较好。结晶性塑料的缺点是较脆，且制品的成型收缩率高。非结晶性工程塑料则具有尺寸稳定性好而加工流动性较差的特点。

3.性能的改善或引入新性能。性能因素主要是考虑共混组成之间的性能互补，或改善聚合物的某一方面性能，或者引入某种特殊的性能。

4.价格因素。通过价格昂贵的聚合物品种与较为廉价的聚合物品种共混，在性能影响不大的前提下，使成本下降。

聚合物共混改性是“聚合物成型加工基础”和“聚合物改性原理”课程的核心内容，这需要学生理论联系实践，并且还要对配方做不断改进，最终才能得出实用的技术配方。传统的技术配方研究方法耗时长，并严重依赖设备，限制了学生参加实验的人数和进行科学研究的可能性。为此，开设相关内容的虚拟仿真实验可以形象生动地展示聚合物共混改性的方法和效果，特别是共混体系间的界面设计以及破坏过程，从而让学生更有针对性地提出解决问题的方案。

三、实验设备与材料

电脑、虚拟仿真软件。

四、实验内容与步骤

1.进行虚拟仿真实验前，先查阅相关文献，初步了解聚合物共混改性中的界面设计方法和材料破坏方式，并制定聚合物共混改性初步配方。

2.首先进入学习模式，选取通用塑料作为基料，再选取不同的聚合物材料与基料共混熔融挤出，通过注塑机虚拟制备样条并对其力学性能和热力学性能进行表征，观察聚合物合金材料的性能变化，判断聚合物合金材料制备方案的优劣。同时，虚拟材料表征过程中的破坏过程，建立“界面—性能—破坏”的关系模型。

3.随后进入调试和优化模式。针对聚合物界面破坏过程中的不足，调整工艺配方，改

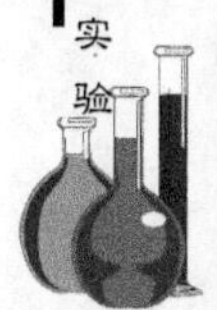

进界面性能，从而优化材料性能，得到最佳配方，同时记录各种改性聚合物材料的配方和性能。

五、实验结果与讨论

1. 将聚合物共混改性配方填入表 34-1 中。

表 34-1　共混改性配方

配方	A 组	B 组	C 组	D 组
基料				
改性剂 Ⅰ				
改性剂 Ⅱ				
改性剂 Ⅲ				
改性剂 Ⅳ				
其他				

2. 将改性后的性能填入表 34-2 中。

表 34-2　改性后的性能

性能	A 组	B 组	C 组	D 组
拉伸强度/MPa				
拉伸模量/MPa				
断裂伸长率/%				
弯曲强度/MPa				
弯曲模量/MPa				
冲击强度/MPa				
损耗模量(E″)				
储能模量(E′)				
热变形温度/℃				

六、思考与探索

1. 用弹性体对 PP 进行增韧改性有哪些优缺点？

2. 聚合物韧性破坏和脆性破坏有何区别？这与材料界面性能有何联系？

参考文献

[1] 王国全. 聚合物改性[M]. 北京：中国轻工业出版社，2016.

[2] 贾润礼,梁丽华.通用塑料工程化改性及其应用[M].北京:化学工业出版社,2016.

(何志才、陈卫)

实验 35　聚合物基复合材料的配方设计与性能优化

一、实验目的

1.了解制备聚合物基复合材料的一般方法。

2.根据给出的虚拟实验设备和材料,通过查阅文献,选择增强材料,设计配方、实验路线和实施方案。

3.通过虚拟测定样品力学、热力学性能,判断实验方案的优缺点。

二、实验原理

聚合物基复合材料(PMO)是以热固性或热塑性树脂为基体材料和另外不同组成、不同性质的短切或连续纤维及其织物复合而成的多相材料。常用的增强纤维材料有玻璃纤维、碳纤维、高密度聚乙烯纤维等。

聚合物基复合材料密度低、比强度高、耐腐蚀、减振性能好、模量高和热膨胀系数低,是一种高性能工程复合材料,广泛应用于汽车、航空航天和军事等领域。美国 AV-8B 垂直起降飞机和 F-18 战斗机均采用了聚合物基复合材料,与采用传统材料相比,它们的质量分别减轻了 27% 和 10%。波音 777 飞机上采用的聚合物基复合材料用量达到 9900 kg,占总质量的 11%。聚合物基复合材料应用于汽车,可显著减轻汽车自重,降低油耗,提高汽车安全舒适性,降低汽车制造与使用的综合成本。另外,聚合物基复合材料在交通、建筑、环保、体育用品等方面的应用也日趋广泛,已占复合材料用量的 90%以上。在民用领域,某些功能性聚合物基复合材料具有防静电、抗菌除臭的效果,市场上出现的抗菌冰箱、无菌塑料餐具等便是这种技术的应用。

聚合物基复合材料的配方设计是“聚合物成型加工基础”和“聚合物改性原理”课程的核心内容,需要学生理论联系实践,并且还要对配方做不断改进,最终才能得出可以实用的技术配方。传统的技术配方研究方法耗时长,并严重依赖设备,限制了学生参加实验的人数和进行科学研究的可能性。为此,开设相关内容的虚拟仿真实验可以形象生动地展示聚合物基复合材料的制备过程,以及复合材料性能的影响因素,从而让学生更有针对性地提出解决问题的方案。

三、实验设备与材料

电脑、虚拟仿真软件。

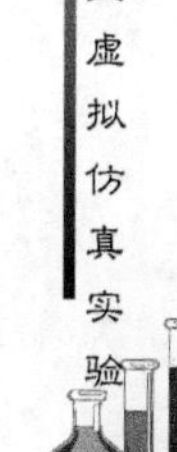

四、实验内容与步骤

1. 进行虚拟仿真实验前，先查阅相关文献，初步了解制备聚合物基复合材料的方法，制定实验配方。

2. 首先进入学习模式，选取通用塑料作为基料，再添加不同的增强剂与基料熔融挤出，通过注塑机虚拟制备样条并对其力学性能和热力学性能进行表征，观察增强剂的效果，判断复合材料制备方案的优劣。

3. 随后进入调试和优化模式。针对设计的复合材料配方存在的不足，通过调整复合材料的工艺配方，优化材料性能，得到最佳复合材料配方；然后选用多种工程塑料，采用同样的方法来制备性能优异的复合材料，并记录各种聚合物基复合材料的配方和性能。

五、实验结果与讨论

1. 将复合材料配方填入表 35-1 中。

表 35-1　复合材料配方

配方	A 组	B 组	C 组	D 组
基料				
增强剂Ⅰ				
增强剂Ⅱ				
相容剂Ⅰ				
相容剂Ⅱ				
其他				

2. 将复合材料性能填入表 35-2 中。

表 35-2　复合材料性能

性能	A 组	B 组	C 组	D 组
拉伸强度/MPa				
拉伸模量/MPa				
断裂伸长率/%				
弯曲强度/MPa				
弯曲模量/MPa				
冲击强度/MPa				
损耗模量（E″）				
储能模量（E′）				
热变形温度/℃				

六、思考与探索

1.聚合物常用的增强材料有哪些？它们各有什么优缺点？

2.聚合物基复合材料的界面有哪些特点？怎么改善其界面性能？

参考文献

[1] 黄伯云，肖鹏，陈康华.复合材料研究新进展(上)[J].金属世界，2007(2)：46-48.

[2] 王旭，黄锐，濮阳楠.聚合物基纳米复合材料的研究进展[J].塑料，2000，29(4)：25-30，37.

(何志才、陈卫)

实验 36　聚合物合金的配方设计与性能优化

一、实验目的

1.了解制备聚合物合金材料的一般方法。

2.根据给出的虚拟实验设备和材料，通过查阅文献，设计配方、实验路线和实施方案。

3.通过虚拟测定样品力学、热力学性能，以判断实验方案的可行性。

二、实验原理

聚合物合金是一类多组分的高分子体系，是人们根据材料的性能要求将两种或两种以上的聚合物采用物理或化学的方法进行共混所形成的聚合物共混体系。人们可以通过调整体系中各组分的比例，使各组分性能互补，制成系列化、综合性能优于任意单一组分的高分子材料。如今，由于新的优秀单体的合成越来越困难，聚合物合金技术成为开发高性能塑料最有效的方法之一。近年来聚合物合金发展很快，仅大规模生产的聚合物合金品种就有数十种。聚合物合金技术也已由单纯的共混发展到接枝、多层乳化、相容化、互穿网络、动态硫化、反应挤出、分子复合等多种综合技术。一些工业发达国家聚合物合金的年产量每年递增15%以上。随着相容化技术的发展，聚合物合金将会以更快的速度发展。聚合物合金主要有如下优点：

1.改善高分子材料耐老化性能，延长制品使用寿命，例如氯丁橡胶与天然橡胶共混，可提高天然橡胶耐臭氧性。

2.改善高分子材料的电性能和物理力学性能，例如丁腈橡胶与聚氯乙烯共混，可改善聚氯乙烯的耐油、耐热、耐老化、耐磨及耐冲击性能；涤纶与锦纶共混，所得纤维强度比锦纶高，其吸湿性比涤纶好；天然橡胶与聚苯乙烯共混，既改善了聚苯乙烯的脆性，又不降低

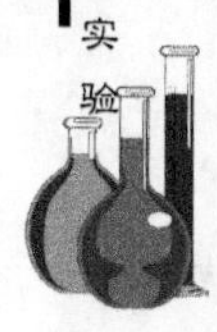

最高使用温度。

3.改善高分子材料的加工性能,例如环氧树脂与聚己内酯共混,可改善环氧树脂脱模性;聚乙烯(或聚丙烯)与聚己内酯共混,可改善聚乙烯(或聚丙烯)的染色性。

4.废物利用,防止环境污染,降低成本。高分子材料因老化而失去使用价值,被大量丢弃污染环境,造成公害。利用共混可化废为利,既降低了成本,又防止了环境污染。

聚合物合金材料的配方设计是"聚合物成型加工基础"和"聚合物改性原理"课程的核心内容,这需要学生理论联系实践,并且还要对配方做不断改进,最终才能得出实用的技术配方。但由于受到学院教学条件的限制,学生很难实质性地开展相应的实验,缺乏练习的机会。因此,开设聚合物合金材料的配方设计与性能虚拟优化实验可以形象生动地展示聚合物合金材料的制备过程、影响聚合物合金材料性能的各种因素。同时,在虚拟实验教学过程中,可以灵活地设置聚合物加工改性过程中遇到的各种障碍及容易出现的错误,加深学生的印象,培养学生分析问题、解决问题的能力。

三、实验设备与材料

电脑、虚拟仿真软件。

四、实验内容与步骤

1.进行虚拟仿真实验前,先查阅相关文献,初步了解制备聚合物合金材料的方法,制定实验配方。

2.首先进入学习模式,选取通用塑料作为基料,再选取不同的聚合物材料与基料共混熔融挤出,通过注塑机虚拟制备样条并对其力学性能和热力学性能进行表征,观察聚合物合金材料的性能变化,判断聚合物合金材料制备方案的优劣。

3.随后进入调试和优化模式。针对设计的聚合物合金材料配方存在的不足,通过调整材料的工艺配方,优化材料性能,得到制备聚合物合金材料的最佳配方;然后选用多种工程塑料,采用同样的方法来制备性能优异的聚合物合金材料,并记录各种聚合物合金材料的配方和性能。

五、实验结果与讨论

1.将聚合物合金配方填入表36-1中。

表36-1 聚合物合金配方

配方	A组	B组	C组	D组
基料				
改性剂Ⅰ				
改性剂Ⅱ				
改性剂Ⅲ				

续表

配方	A组	B组	C组	D组
相容剂Ⅰ				
相容剂Ⅱ				
其他				

2. 将复合材料性能填入表36-2中。

表36-2 复合材料性能

性能	A组	B组	C组	D组
拉伸强度/MPa				
拉伸模量/MPa				
断裂伸长率/%				
弯曲强度/MPa				
弯曲模量/MPa				
冲击强度/MPa				
损耗模量(E″)				
储能模量(E′)				
热变形温度/℃				

六、思考与探索

1. 常用的聚合物合金材料有哪些？
2. 聚合物合金相容剂的种类有哪些？

参考文献

[1] 张雪娇,赵晓莉. 聚合物合金相容性研究进展[J]. 应用化工,2012,41(8):1448-1451.
[2] 叶华,章永化,赵建青. 聚合物合金及相容技术[J]. 广州化工,2005,33(1):7-11.

(何志才、陈卫)

实验 37　纳米二氧化钛的制备及其光催化性能的模拟研究

一、实验目的

1. 掌握溶胶-凝胶法、水热合成法、沉淀法、醇盐水解法、微乳液法和超声波化学法等制备纳米 TiO_2 的方法，能区别不同制备方法的优缺点，能够根据粉体材料的性能要求选择适当的制备方法。

2. 掌握 TiO_2 晶体制备过程中相关工艺参数对纳米 TiO_2 晶体结构、光催化性能的影响及其光催化降解有机物的原理。

二、实验原理

因 TiO_2 具有光催化活性高、稳定性好、对人体无毒、价格低廉等优点，在诸多半导体光催化剂中脱颖而出，应用领域至今已遍及有机废水的降解、重金属离子的还原、空气净化、杀菌、防雾等众多方面。因此，通过控制材料合成条件，研究各种 TiO_2 的制备机理以及开发相关的先进生产工艺，筛选出适于工业化放大的制备方法，从而得到不同性质的优质纳米 TiO_2，已成为当前相关交叉学科中研究最活跃的领域。目前，国内外关于纳米 TiO_2 的合成工艺多种多样，主要以气相法和液相法为主。

（一）气相法制备二氧化钛

气相法一般是通过一些特定的手段先将反应前体气化，使其在气相条件下发生物理或化学变化，然后在冷却过程中成核、生长，最后形成纳米 TiO_2 颗粒。

1. 扩散火焰法。扩散火焰法(diffusion flame)通常是以四氯化钛或钛醇盐、氧气和燃料气体等为原料，将前体(气体)导入扩散火焰反应器内，燃料气体由喷嘴喷入空气中，借助扩散互相混合而燃烧，燃烧过程中发生气相水解、氧化等作用，之后经过成核、晶核生长、晶型转化等步骤制得纳米 TiO_2。

2. 热等离子体法。热等离子体(thermal plasma)属于低温等离子体，其中各种粒子温度几乎相等，组成也近似平衡。热等离子体法制备 TiO_2 的大致原理如下：在 Ar、H_2 或 N_2 等离子体的高温射流中存在着大量的高活性原子、离子或分子，它们高速到达前体表面，使其熔融、气化、反应，然后成核、生长，最后利用等离子体高温区与周围环境巨大的温度梯度，经急速冷却后收集得到纯度较高的纳米颗粒。

3. 雾化水解法。雾化水解法(spray hydrolysis)大多以钛的醇盐为前体，经静电、超声等工艺雾化成微小的液滴后，由载气带入反应装置中，在较短时间内完成水解反应，最后经收粉装置，得到纳米 TiO_2 粉末。

4. 激光诱导法。激光诱导法(laser-induced)是将加热气化的前体随载气通入反应器中，利用前体物质对特定波长激光束的吸收，引起反应气体分子的激光光解(紫外线光解或红外多光子光解)、激光热解、激光光敏化和激光诱导化学合成反应。在一定工艺条件下，调节激光功率密度、反应池压力、反应气体配比和流速、反应温度等，控制超细微粒成核和生长，从而可以制备得到纳米 TiO_2。

(二)液相法制备二氧化钛

液相法是目前国际上纳米 TiO_2 颗粒制备领域最主要、研究最多的方法，具有原料价格低、来源广、易操作、设备简单等优点，在实验室研究中被广泛采用。

1. 溶胶-凝胶法。溶胶-凝胶法(Sol-Gel，S-G)是液相合成制备纳米 TiO_2 的典型方法。S-G 法通常以钛的无机盐或钛醇盐为原料，溶于有机溶剂中(一般选用醇)形成均相溶液，并向有机溶剂中添加无机酸或有机酸作水解抑制剂，通过水解缩聚后形成溶胶，经陈化，溶胶转变为包含 Ti-O-Ti 三维网状结构的凝胶，湿凝胶经干燥除去残余水分和有机溶剂后得到干凝胶，干凝胶最后经煅烧、研磨得到纳米 TiO_2颗粒。用溶胶-凝胶法制备的 TiO_2 通常会受到不同前体、溶剂、抑制剂、煅烧温度等因素的影响。

2. 微乳液法。微乳液(microemulsion)通常是由水(或电解质溶液)、油(通常为碳氢化合物)、表面活性剂和助表面活性剂(通常为醇类)四组分组成的一种透明的、各向同性的热力学稳定体系。其中，均一单分散的微乳液因其分散相是均匀的纳米级液滴而在纳米材料制备中被广泛采用。根据其分散相和连续相的不同，可以分为油包水(W/O)和水包油(O/W)两种类型。W/O 型即连续的油相为外相，不连续的水相为内相，表面活性剂在两相形成吸附层；O/W 型则与此相反。W/O 微乳液又被称作反胶束(reversed micelle)，是由亲水基相互靠拢形成内核，亲油基朝向溶剂构成外层。反胶束最大的特点是在其内核可增溶水，形成微水池，化学反应就在微水池内进行，一旦水核内粒子长到一定尺寸，表面活性剂分子将附在粒子的表面，使粒子稳定并防止其进一步长大，所以可从根本上控制颗粒生长，使得超细微粒的制备变得容易。目前，微乳液法制备二氧化钛过程中大多采用 W/O 反胶束微乳液法。

3. 水热法。水热法(hydrothermal)是指在特制的密闭反应容器(高压釜)中，采用水溶液作为反应介质，通过加热反应器，创造一个相对高温、高压的反应环境，使通常难溶或不溶物质溶解并且重结晶从而得到纳米 TiO_2。一些在常温下进行很慢的反应，在水热环境中都可以快速反应，因为在水热条件下，水的物化性质与常温常压下的水相比将发生很大变化。在水热法中水起到了 3 个作用：溶剂、参与反应的化学组分以及传递压力的媒介。

4. 溶剂热法。溶剂热法(solvothermal)是在水热法基础上衍生出的一种 TiO_2 制备新方法，制备原理与水热法类似，不同之处是将水热法中的水替换成有机溶剂或非水溶剂。

5. 均匀沉淀法。沉淀法是制备纳米 TiO_2 较为简单的方法。均匀沉淀法(homogeneous precipitation)是利用化学反应使溶液中的构晶离子均匀缓慢地生成，同 TiO 基团反应得到 TiO(OH)沉淀。只要控制好生成沉淀的速度，即可避免浓度不均匀的现象，产品纯度高、粒度均匀、便于洗涤，有效解决了直接沉淀法中局部浓度过高导致沉淀中夹杂杂质的问题。

三、实验设备与材料

电脑、虚拟仿真软件。

四、实验内容与步骤

1. 进行虚拟仿真实验前，先查阅相关文献，初步了解纳米微粒的基本理论和纳米 TiO_2 的常用制备方法、应用现状，并做书面总结。

2. 首先进入预习模式，熟悉纳米 TiO_2 的制备工艺路线及其光催化特性。

3. 通过预习模式后，下一步进入学习模式，熟悉以不同方法制备纳米 TiO_2 粉末时所需设置的工艺参数及可用的数据范围，同时掌握模拟软件的操作方法。

4. 随后进入调试模式。根据常见有机物对 TiO_2 粉体催化性能指标的要求，选择合适的工艺路线，通过调整工艺参数和催化条件，以得到满足预设要求的 TiO_2 粉体，并记录工艺调整过程，绘出制备工艺-催化性能间的关系曲线以及催化条件-催化性能间的关系曲线。

5. 最后进入竞赛闯关模式。在已设定工艺成本的前提下，逐步提高催化性能指标要求，尝试以最低的价格成本和时间成本，选择合适的工艺路线、工艺参数和催化条件有效降解有机物。

五、实验结果与讨论

总结各小组得到的数据，填入表 37-1 中，作出对应的工艺参数-性能指标变化曲线。

表 37-1　纳米 TiO_2 的制备参数

样品编号	制备方法	煅烧温度/℃	煅烧时间/min	晶粒尺寸/nm	晶型

六、思考与探索

阐述纳米 TiO_2 的本征结构与掺杂对其催化性能的影响机理。

参考文献

[1] 郑国梁，程如烟. 常压微波等离子体气相法制取纳米二氧化钛[J]. 钛工业进展，2001(5)：22-24.

[2] 张辉，张国亮，杨志宏，等. TiO_2 光催化/膜分离耦合过程降解偶氮染料废水[J]. 催化学报，2009，30(7)：679-684.

[3] Chen X B, Mao S S. Synthesis of titanium dioxide (TiO_2) nanomaterials [J]. Journal of Nanoscience and Nanotechnology, 2006, 6(4): 906-925.

（谢奔）

实验 38　负载型 TiO_2 光催化剂的模拟设计与优化

一、实验目的

1. 掌握负载型 TiO_2 光催化剂的制备方法。
2. 掌握不同表面修饰型钛基光催化剂的配方及其对催化性能的影响。

二、实验原理

TiO_2 光催化技术始于 1972 年。其后，该技术引起了科技界的广泛关注。TiO_2 光催化剂因其具有无毒、性质稳定、催化活性高、抗化学腐蚀和光腐蚀等突出优点而成为科学工作者研究的热点。早期的 TiO_2 光催化作用在液-固相进行，催化剂难以回收；气-固相光催化过程中，反应器的操作气速比液相体系大得多，气流易将催化剂带走。TiO_2 光催化剂的固定化是解决催化剂分离回收（液-固）以及气相夹带（气-固）的有效途径，也是调变活性组分和载体的各种功能设计的理想形式。

（一）载体的作用

负载型 TiO_2 光催化剂可防止 TiO_2 粒子的流失，易于回收利用，提高 TiO_2 的利用率；在载体表面覆盖一层 TiO_2，可增加 TiO_2 光催化剂整体的比表面积；一些载体可同 TiO_2 发生相互作用，有利于电子-空穴对的分离；利用吸附型载体可增加对反应物的吸附，提高 TiO_2 的光催化活性，并同时实现吸附型载体的再生；将 TiO_2 制成薄膜后，催化剂表面受到光照射的催化剂粒子数目增加，提高光的利用率，有利于提高光催化活性；用载体将催化剂固定，便于制成各种形状的降解反应器。

（二）载体的类型

良好的 TiO_2 光催化剂载体应具有以下特点：良好的透光性；在不影响 TiO_2 光催化活性的前提下与 TiO_2 颗粒具有较强的结合力；比表面积大，对被降解的污染物有较强吸附性。其载体多为无机材料。①吸附剂类：吸附剂类多为多孔性物质，比表面积较大，是常用的催化剂载体。目前已被用作 TiO_2 载体的有活性炭、硅胶、沸石和黏土等。吸附剂类载体可将有机物吸附到 TiO_2 粒子周围，增大局部浓度以及避免中间产物挥发或游离，从而加快反应速度，并实现吸附型载体的再生。②玻璃类：玻璃价廉易得，而且便于设计成各种形状。玻璃类载体有玻璃片、玻璃纤维网或布、空心玻璃微球、玻璃螺旋管、玻璃筒等。实验室中对光催化效果及机理的研究多采用玻璃片的形式进行。采用网状、布状等比表面积较大的形式：可以增大反应面积，提高反应效率。由于空心玻璃微球可以漂浮在水面上，因此多用于水面污染处理。③陶瓷类：陶瓷也是一种多孔性物质，对 TiO_2 颗粒

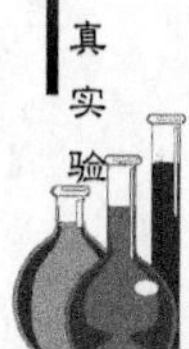

具有良好的附着性，耐酸碱性和耐高温性较好。若在日常使用的陶瓷上负载 TiO_2，可以制成具有良好自洁功能的陶瓷，起到净化环境的作用。④其他：用于 TiO_2 光催化剂的载体还有高分子聚合物、纸、SiO_2、石英沙和金属等。在载体选择时，必须对光效率、光催化活性、催化剂负载的牢固性、使用寿命、价格等作综合考虑。

负载型的 TiO_2 光催化剂主要有两种形式：一种是将 TiO_2 负载到光滑平整的载体上形成均一连续的薄膜；另一种是仅将 TiO_2 粉末固定在载体上。常用的有物理负载法和化学负载法。物理负载法包括粉体烧结法和热胶黏法等；化学负载法包括溶胶凝胶法、离子交换法、液相沉积法、交联法和溅射法等。

三、实验设备与材料

电脑、虚拟仿真软件。

四、实验内容与步骤

1. 进行虚拟仿真实验前，先查阅相关文献，初步了解 TiO_2 光催化剂的特性和催化机理及其改性措施。

2. 首先进入学习模式，熟悉负载型 TiO_2 光催化剂的制备工艺路线、所需设置的工艺参数及可用的数据范围和模拟软件的操作方法。

3. 然后进入调试、优化模式。根据常见有机物污染物对催化性能指标的要求，选择不同负载型 TiO_2 光催化剂，通过调整工艺参数，以得到满足预设性能要求的催化剂，分别记录工艺调整过程，绘出制备工艺-催化性能间的关系曲线，确定最佳催化剂和制备工艺。

五、实验结果与讨论

总结各小组得到的数据，填入表 38-1 中，作出对应的工艺参数-性能指标变化曲线。

表 38-1　负载型 TiO_2 粉末的制备参数

样品编号	载体材料	负载量/%	化学反应完成时间/min
1			
2			
3			

六、思考与探索

比较不同负载型纳米 TiO_2 光催化剂的优缺点。

参考文献

[1] 崔鹏，范益群，徐南平，等. TiO_2 负载膜的制备、表征及光催化性能[J]. 催化学报，2000，21(5)：494-496.

[2] 赵文宽，覃榆林，方佑龄，等. 水面石油污染物的光催化降解漂浮负载型 TiO_2 光催化剂的制备[J]. 催化学报，1999，20(3)：368-372.

[3] 沈航燕，张晋霞，唐新硕. TiO_2 膜光催化剂的改进及表征[J]. 化学物理学报，2001，14(4)：497-500.

（谢奔）